U0346894

建设项目工程总承包
发承包价格的构成与确定

李海凌　汤明松　朱钇璇　李双巧　曹欣媛　匡虹霖　著

机械工业出版社

本书将具有统一的使用功能要求及设计标准的建设工程定义为"基",介绍了在确定建设工程总承包项目"基"的归属前提下,建设项目工程总承包发承包价格的确定过程。具体为:

基于 BP 神经网络进行扩大分项工程工程量的预测,使建筑工程的工程特征与特征指标之间的映射关系能用较高精度的映射形式体现。这有助于在工程总承包模式的运用中,在没有施工图的情况下,可以较为准确地确定单项工程的扩大分项工程的工程量。

基于 BIM 的数据库平台建立不同"基"的扩大分项工程综合单价数据库,利用 BIM 数据的动态性及信息全面性,匹配准确的扩大分项工程综合单价,为建设项目扩大分项工程综合单价的确定提供了新的视角与方法。

在扩大分项工程工程量和扩大分项工程综合单价都被确定的基础上,分析建筑安装工程费、总承包发承包其他费用的确定方法,从而完成总承包模式下的发承包价格的确定。

本书可作为工程造价管理、工程项目管理、土木工程及相关专业的研究生教材,也可供建设工程领域招投标机构、工程管理企业、总承包企业的技术管理人员学习参考。

图书在版编目(CIP)数据

建设项目工程总承包发承包价格的构成与确定/李海凌等著 . —北京:机械工业出版社,2020.9

ISBN 978-7-111-66130-6

Ⅰ.①建…　Ⅱ.①李…　Ⅲ.①建筑工程承包方式 – 招标 ②建筑工程承包方式 – 投标　Ⅳ.①TU723.2

中国版本图书馆 CIP 数据核字(2020)第 128739 号

机械工业出版社(北京市百万庄大街 22 号　邮政编码 100037)

策划编辑:刘　涛　责任编辑:刘　涛　王　芳

责任校对:王　欣　封面设计:马精明

责任印制:常天培

北京虎彩文化传播有限公司印刷

2020 年 8 月第 1 版第 1 次印刷

169mm×239mm·7.5 印张·2 插页·144 千字

标准书号:ISBN 978-7-111-66130-6

定价:48.00 元

电话服务　　　　　　　网络服务

客服电话:010 – 88361066　机　工　官　网:www.cmpbook.com

　　　　　010 – 88379833　机　工　官　博:weibo.com/cmp1952

　　　　　010 – 68326294　金　书　网:www.golden-book.com

封底无防伪标均为盗版　机工教育服务网:www.cmpedu.com

前　言

建筑市场正在发生着深远的变革，项目规模大型化、建筑工业化、总承包一体化、技术工艺复杂化、产业分工专业化、建筑信息化趋势愈加明显，客观上也要求工程建设管理全面化、系统化。住房和城乡建设部及各省住房和城乡建设厅陆续出台文件，加快推进 EPC 总承包模式，积极努力与国际市场接轨。

工程总承包发承包价格是业主进行投资控制的依据，也是工程总承包模式下发包人和承包人签订合同价格的依据。为了合理、准确地确定工程总承包项目的发承包价格，本书对"基"和"扩大分项工程"进行了定义，将 BP 神经网络与扩大分项工程综合单价数据库相结合，对工程总承包项目的发承包价格确定方法进行了研究，以期对目前确定发承包价格方法准确度不高、合同实施风险较大等不足之处加以改进，降低总承包项目实施阶段的索赔风险。

首先，本书对建设项目工程总承包进行概述，目的是发现工程总承包实践中的问题，提出本书拟解决的问题，同时确定研究对象及研究技术路线。

随后，通过对比国家发展改革委与住房和城乡建设部、财政部印发文件中规定的建设项目总投资费用构成以及电力工程、水利工程、公路工程的总投资费用构成，进行建设项目工程总承包发承包费用构成的分析；再与《建设项目工程总承包费用项目组成（征求意见稿）》的费用构成进行对比分析，最终确定了建设项目工程总承包的发承包费用构成。

提出"基"和"扩大分项工程"的概念。在"基"的概念下，基于 BP 神经网络确定扩大分项工程工程量；引入 BIM 技术，基于大数据和人工智能构建扩大分项工程综合单价数据库解决扩大分项工程综合单价的确定难题。在扩大分项工程工程量和扩大分项工程综合单价都能被确定的基础上，分析建筑安装工程费、总承包发承包其他费用的确定方法，从而完成了总承包模式下的发承包价格的确定。

最后，以"保障性住房"为基，通过基于 BP 神经网络确定扩大分项工程工程量的示例，"分项工程综合单价""项目特征"与"扩大分项工程"匹配后的"组价"示例，对扩大分项工程综合单价数据库的数据调用及使用进行说明。

目前基于《建设工程工程量清单计价规范》（GB 50500）的工程量清单计价模式，主要适用于施工图设计完成后即 DBB 模式下的工程发承包方式，不能满足工程总承包的发承包和计价的需求。工程总承包模式的大力推行及发展，亟须建立适用于工程总承包特点的工程量清单和计价方式。本书介绍的工程总承包模式计价方法，为建设单位、总承包单位在发承包阶段确定合理造价提供理论和方法的支持。书中介绍的采用人工智能和知识库技术进行造价确定的方法，为工程总承包模式下的计价方法提供切实可行的思路，也为 BIM 技术应用拓宽了范围。

本书由西华大学土木建筑与环境学院李海凌教授主持撰写并统稿，成都市大匠通科技有限公司汤明松先生阐述了"基"的概念，西华大学朱钇璇、李双巧、曹欣媛、匡虹霖参加撰写。

本书的编写得到四川省教育厅项目"工程项目群工作流模型构建及资源优化"（项目编号 16ZA0165）、绿色建筑与节能重点实验室项目"基于 BIM 的建筑垃圾生命周期管理系统研究"（项目编号 szjj2017 – 071）、西华大学重点项目"基于 HTCPN 的工程项目群资源建模与仿真优化"（项目编号 z1320607）、西华大学教育教学改革项目"技术管理型课程'案例式 – 启发式 – 互动式'多维教学方法体系研究"（项目编号 xjjg2017110）、西华大学研究生教育改革创新项目"案例式 – 启发式 – 互动式"多维教学方法体系研究（项目编号 YJG2018026）、西华大学研究生示范课建设项目"建设项目风险管理"（项目编号 SFKC2018004）的大力支持。

感谢成都市大匠通科技有限公司为本书提供的案例库分享。在编写过程中参考了一些相关资料和案例，在此对编著者和相关人员深表感谢。

作　者

目　录

第 1 章

概　述

1.1　建设项目工程总承包的定义

建设项目工程总承包是项目业主为实现项目目标而采取的一种承发包模式，即从事工程项目建设的单位受业主委托，按照合同约定对从决策、设计到试运行的建设项目发展周期实行全过程或若干阶段的承包。在国家发展改革委联合住房和城乡建设部共同印发的推行全过程工程咨询服务以及工程总承包的政策文件和相关指导意见下，国有和政府投资项目原则上要求配备以全过程工程项目管理师作为总负责人和总咨询师的全过程工程咨询服务团队，为工程总承包项目提供项目各阶段咨询和项目全过程管理服务。注意，只有所承包的任务中同时包含建设项目发展周期中的两项或两项以上，才能被称之为工程总承包，设计阶段可以从方案设计、技术设计或施工图设计开始，单独的施工总承包在其范围之列[1]。

工程总承包模式可按照过程内容或融资运营进行分类。

1. 按过程内容分类

（1）EPC 模式/交钥匙总承包　设计采购施工总承包（Engineering、Procurement、Construction，EPC）模式是指工程总承包企业按照合同约定，承担工程项目的设计、采购、施工、试运行服务等工作，并对承包工程的质量、安全、工期、造价全面负责，是我国目前推行总承包模式中最主要的一种。

交钥匙总承包是设计采购施工总承包业务和责任的延伸，最终是向业主提交一个满足使用功能、具备使用条件的工程项目。

（2）EPCM 模式　设计采购与施工管理总承包（Engineering、Procurement、Construction Management，EPCM）是国际建筑市场较为通行的项目支付与管理模式之一，也是我国目前推行总承包模式中的一种。EPCM 承包商是通过业主委托或招标而确定的，承包商与业主直接签订合同，对工程的设计、材料设备供应、施工管理全面负责；根据业主提出的投资意图和要求，通过招标为业主选择、推荐最合适的分包商来完成设计、采购、施工等任务。设计、采购分包商对 EPCM 承包商负责；而施工分包商虽不与 EPCM 承包商签订合同，但接受 EPCM 承包商的管理，施工分包商直接与业主签订合同。因此，EPCM 承包商无须承担施工合同风险和经济风险。当 EPCM 总承包模式实施一次性总报价方式支付时，EPCM 承包商的经济风险被控制在一定的范围内，获利较为稳定。

（3）EC 模式　设计－施工总承包（Engineering、Construction，EC）是指工程总承包企业按照合同约定，承担工程项目设计和施工，并对承包工程的质量、安全、工期、造价全面负责。

（4）其他模式　根据工程项目的不同规模、类型和业主要求，工程总承包还可采用设计采购总承包（Engineering、Procurement，EP）、采购施工总承包（Procurement、Construction，PC）等模式。

2. 按融资运营分类

（1）项目 BOT 模式　BOT（Build-Operation-Transfer）即建设－经营－移交，是指政府或其授权的政府部门经过一定程序并签订特许协议，将专属国家的特定基础设施、公用事业或工业项目的筹资、投资、建设、营运、管理和使用的权利在一定时期内赋予本国或（和）外国民间企业，政府保留该项目、设施以及其相关的自然资源永久所有权；由民间企业建立项目公司并按照政府与项目公司签订的特许协议投资、开发、建设、营运和管理特许项目，以营运所得清偿项目债务、收回投资、获得利润，在特许权期限届满时，将该项目、设施无偿移交给政府。BOT 模式又被称为"暂时私有化"（Temporary Privatization）过程。国家体育馆、国家会议中心、位于五棵松的北京奥林匹克篮球馆等项目采用的就是 BOT 模式，由政府对项目建设、经营提供特许权协议，投资者需承担项目的设计、投资、建设和运营，在有限时间内获得商业利润，期满后需将场馆交付政府。

（2）项目 BT 模式　BT（Build-Transfer）即建设－移交，是政府或开发商利用承包商资金来进行融资建设项目的一种模式。项目的建设通过项目公司总承包，融资、建设验收合格后移交业主，业主向投资方支付项目总投资和合理报酬的过程。

（3）其他模式　BOT 或 BT 还可演化为下列模式：

1）BOO（Build-Own-Operate）即建设－拥有－经营。项目一旦建成，项目公司对其拥有所有权，当地政府只是购买项目服务。

2）BOOT（Build-Own-Operate-Transfer）即建设－拥有－经营－转让。项目公司对所建项目设施拥有所有权并负责经营，经过一定期限后，再将该项目移交政府。

3）BLT（Build-Lease-Transfer）即建设－租赁－转让。项目完工后一定期限内出租给第三者，以租赁分期付款方式收回工程投资和运营收益，经过一定期限后，再将所有权转让给政府。

4）BTO（Build-Transfer-Operate）即建设－转让－经营。项目的公共性很强，不宜让私营企业在运营期间享有所有权，须在项目完工后转让所有权，其后再由项目公司进行维护经营。

5）ROT（Rehabilitate-Operate-Transfer）即修复－经营－转让。项目在使用后，发现损毁，项目公司对其进行修复，整顿恢复后，负责经营，经过一定期限后，再将项目移交给政府。

6）DBFO（Design-Build-Finance-Operate）即设计－建设－融资－经营。DBFO 模式是由英国高速公路局提出来的，用来描述依据私人主动融资模式制定的基于特许经营的公路计划。该模式的关键创新在于它不是传统的资本性资产采购，而是一种服务采购。该模式明确规定了服务结果和绩效标准。DBFO 合同具有下列特点：它是一份长期合同，合同期限一般为 25 年或 30年；它对付款、服务标准和绩效评估做出了详细的规定，提供客观的方式依据绩效对采购的服务进行支付。

7）BST（Build-Subsidy-Transfer）即建设－补贴－转让。政府分期购买服务。例如，道路照明交由专业公司建设维护，政府每年比照正常路灯耗电量补贴其电费，一定期限后，专业公司将所有权转让给政府。

8）ROO（Rehabilitate-Own-Operate）即修复－拥有－经营。项目在使用后，发现损毁，项目公司对其进行修复后拥有所有权，当地政府只是购买项目服务。

1.2　建设项目工程总承包模式的特点分析

传统承包模式是由业主分别委托设计承包商、采购承包商、施工承包商分别承担设计阶段、采购阶段、施工阶段等相应工作[2]。EPC 总承包管理在运行模式、管理人员要求、管理模式、标准化技术、分包商的专业性等各方面与传统承包模式有着很大不同。

1. 矩阵式的工作组运行模式

从事 EPC 工程项目的公司，一般采用矩阵式的组织结构。根据 EPC 项目合同内容，从公司的各部门抽调相关人员组成项目管理组，以工作组（Work Team）的模式运行，由项目经理全面负责工作组的活动。同时，公司的各管理部门根据公司的法定权利对工作组的工作行使领导、监督、指导和控制功能，以确保工作组的活动符合公司、业主和社会的利益。在 EPC 合同执行完毕后，工作组也随之解散。EPC 项目管理组织结构如图 1-1 所示。

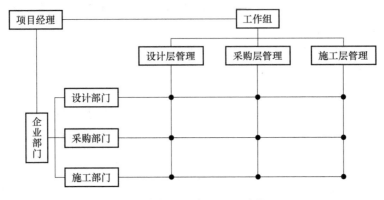

图 1-1　EPC 项目管理组织结构图

2. 对项目经理及工作组成员的素质要求

EPC 工程项目对项目经理的要求有别于传统的施工经理或现场经理。EPC 的项目经理需要具备对项目全盘的掌控能力，即沟通力、协调力和领悟力。EPC 对项目经理专业技术方面的要求比较高，对其协调管理能力的要求则更高。项目经理必须熟悉工程设计、工程施工管理、工程采购管理、工程综合协调管理，对其综合知识的要求远高于普通的项目经理。

EPC 模式对于总承包商工作组成员的素质要求远高于具体的施工管理组。国际 EPC 项目的工作组成员不乏 MBA、MPA、PMP 以及技术专家，他们往往是专业领域的技术专家，同时也是管理协调方面的能手；不仅在技术、设计、现场施工方面有着多年的工作经历，而且在组织协调能力、与人沟通能力、对新情况的应变能力、对大局的控制和统筹能力方面均有出色才能。高素质、高效率的团队才能对 EPC 正常实施予以保证。

3. 建筑工程管理模式和设计的结合

EPC 总承包商统一协调管理，奠定了 EPC 模式中施工层早期介入项目的基础，施工层对设计提出的便于施工、缩短工期、降低成本的建议不会受到设计层的轻视，有助于在设计阶段实现投资控制。

EPC 总承包商统一协调管理，还有助于各设计层、采购层、施工层能够及时协商沟通，互相反馈，更加密切地配合，减少不必要的重复工作，节约资源，提高效率，使设计、采购、施工更加合理流畅地搭接，有助于缩短工期。

由 EPC 总承包商统一协调管理，可以达到缩短工期、降低投资的目的。

4. 标准化的过程控制程序、规范和技术标准

不仅业主将工程视为投资项目，总承包商也会从同样的角度实施项目。总承包商一般会将整个项目划分成若干相对独立的工作包，由不同的专业分包商负责各个工作包的设计、材料构件采购、施工与安装。EPC 管理模式示意如图 1-2 所示。

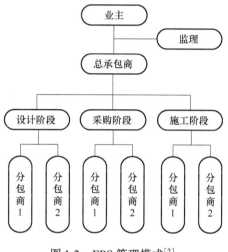

图 1-2　EPC 管理模式[2]

在指定专业分包商时，通常只规定基本要求，以使设计层、施工层共同寻求最经济的方案去实施项目。分包商的设计工作由设计层负责协调，工程构件、设备制造或供货由采购层负责协调，施工由施工层协调，总协调由项目经理负责（见图 1-1）。这样的协调仍然会有许多一时难以确定或不能预料的问题留给专业分包商在项目进行过程中逐步解决。专业承包商必须保证其分包部分的工程施工与其他分包商的工程在设计和管理上的准确衔接。这种双重的协调反馈，依靠项目相关各方均能遵循公认的控制程序、规范和技术标准。

EPC 模式的系统性和有效性依靠广泛使用成熟的通用技术。专业分包商尽量采用通用技术，并在很大程度上依赖能够在短期内及时供货的标准材料、半成品与构件。

5. 分包商的专业性

EPC 模式的设计阶段只到初步设计或扩大初步设计的深度，不提供详细设计（即施工图），而后者是由分包商完成的。特别是一些较独立的分包工程的施工图设计，有时也称二次设计，是由专业分包商独立完成的，但需由总承包商建筑师批准，如钢结构工程、装饰工程。分包商的分包工程施工报价中自然已含有设计费用，不再单独提出。有时总承包商也会选定重要或用量大的标准化

材料、构件或设备，但必须明确说明，以便专业分包商知晓并纳入其相应设计中。

施工用的材料、构件或设备采购一般由专业分包商进行，但一些重要的大宗材料、构件或设备须经总承包商确认或指定品牌及型号；也可以直接由总承包商全面负责采购管理，提供给专业分包商。无论采用哪种方式选定材料、构件或设备，专业分包商都必须利用其在本领域的专有技术能力和熟悉掌握的市场信息，提供材料、构件或设备的采买建议，寻求满足设计要求的性能价格比最优的物料。大多数情况，由专业分包商出面采购，其对供应商的熟悉程度和批量规模可大大降低物料成本。

1.3 建设项目工程总承包模式的优势分析

1. 有利于简化合同主体

工程总承包模式有利于理清工程建设中业主与承包商、勘察设计与业主、总包与分包、执法机构与市场主体之间的各种复杂关系。在工程总承包条件下，业主选定总承包商后，勘察、设计、采购、工程分包等环节直接由总承包商确定实施，业主不必再实行平行发包，避免了发包主体主次不分的混乱状态，也避免了执法机构过去在一个工程中要面对多个市场主体实施监管的复杂问题。

2. 有利于优化资源配置

工程总承包模式能够减少资源占用及管理成本。该优势可以从两个层面予以体现：业主方摆脱了工程建设过程中的杂乱事务，避免了人员与资金的浪费；总承包商会主动协调设计、施工、采购等各阶段任务，减少信息孤岛，减少变更、争议、纠纷和索赔的耗费，优化并实现资金、质量、进度、安全等项目管理目标。

3. 降低项目总体建设成本

EPC总承包模式的总承包商具有优化方案与优化设计的自主动力，通过优化，减少因设计不合理导致的资源浪费，充分发挥工程总承包商的主观能动性。此外，采购、施工管理人员在设计管理人员的帮助下制定施工方案，有利于降低采购、施工阶段的成本，而采购与施工之间的相互协调也有利于实现既满足技术要求又节约投资的目的，并且最大限度地控制进度[3]。并且，由于实行整体性发包，招标成本可以大幅度降低。

4. 有利于提高全面履约能力，并确保质量和工期

工程总承包模式能够充分发挥大型承包商所具有的较强技术力量、管理能力和丰富经验的优势。同时，由于各建设环节均置于总承包商的指挥下，因此各环节的综合协调余地大大增加，这对于确保质量和进度是十分有利的。

5. 有利于优化组织结构并形成规模经济

一是能够重构工程总承包、施工承包、分包三大梯度塔式结构形态；二是可以在组织形式上实现从单一型向综合型、现代开放型的转变，最终整合成资金、技术、管理密集型的大型企业集团；三是便于扩大市场份额，也有利于实行风险保障制度，唯有综合实力强的大型企业（总承包商）才易获得保证担保；四是增强了总承包商参与 BOT 的能力。

6. 有利于推动管理现代化

工程总承包模式作为协调中枢，必须建立起信息共享平台，使各阶段工作实现电子化、信息化、自动化和规范化，从而提高企业（总承包商）的项目管理水平和效率，大力增强企业的承包竞争力。

1.4 工程总承包的发展历程

真正意义上的工程总承包模式（设计施工总承包模式）产生于 20 世纪 60 年代，主要是在英国，市场中的需求以及总承包环境的成熟共同推动了工程总承包模式的发展。我国对工程总承包的摸索试行相比英美等发达国家较晚[4]，我国的工程总承包模式始于 20 世纪 80 年代[5]。

1.4.1 顶层制度的建设

在国家层面，我国发布了一系列文件推动工程总承包模式在中国的发展。我国历年发布的关于工程总承包的中央部委政策文件[6-7]见表 1-1。

表 1-1 工程总承包相关的中央部委政策文件

序号	政策文件	颁布时间	颁布单位	文 件 号	相关内容
1	国务院关于改革建筑业和基本建设管理体制若干问题的暂行规定	1984.9	国务院	国发〔1984〕123 号	工程承包公司接受建设项目主管部门（或建设单位）的委托，或投标中标，对项目建设的可行性研究、勘察设计、设备选购、材料订货、工程施工、生产准备直到竣工投产实行全过程的总承包，或部分承包

（续）

序号	政策文件	颁布时间	颁布单位	文 件 号	相 关 内 容
2	工程承包公司暂行办法	1984.11	国家计委、城乡建设环境保护部	计设〔1984〕2301号	工程承包公司的主要任务是，在国家计划指导下，接受建设项目主管部门或建设单位的委托，对建设项目的可行性研究、勘察设计、设备询价与选购、材料订货、工程施工和竣工投产，实行全过程的总承包或部分承包；并负责对各项分包任务进行综合协调管理和监督工作 工程承包公司接受工程项目总承包任务后，可将勘察设计、工程施工和材料设备供应等工作进行招标，择优选定勘察设计单位、施工单位、材料设备生产或供应单位，并签订分包经济合同
3	关于设计单位进行工程建设总承包试点有关问题的通知	1987.4	国家计委、财政部、中国人民建设银行、国家物资局	计设〔1987〕619号	对设计单位进行工程建设总承包进行试点，发挥前期设计对项目建设的主导作用。成立12家试点单位
4	关于扩大设计单位进行工程建设总承包试点及有关问题的补充通知	1989.4	中国建设银行	〔89〕建设字第122	部门及地区扩大试点范围，批准31家工程总承包试点单位，但不允许设计单位培养自身的施工队伍
5	工程总承包企业资质管理暂行规定	1992.4	建设部	建施字第189号	对工程从立项到交付使用全过程承包的工程总承包企业（不包括以设计院为主体的设计工程公司）按照资质条件分为三级进行资质管理，首次确立了工程总承包企业资质要求
6	设计单位进行工程总承包资格管理的有关规定	1992.11	建设部	建设〔1992〕805号	560家设计单位领取了甲级工程总承包资格证书，2000余家设计单位领取了乙级工程总承包资格证书
7	中华人民共和国建筑法	1997.11	第八届全国人民代表大会常务委员会	主席令第91号	第二十四条：提倡对建筑工程实行总承包，禁止将建筑工程肢解发包。建筑工程的发包单位可以将建筑工程的勘察、设计、施工、设备采购一并发包给一个工程总承包单位，也可以将建筑工程勘察、设计、施工、设备采购的一项或者多项发包给一个工程总承包单位

（续）

序号	政策文件	颁布时间	颁布单位	文 件 号	相 关 内 容
8	关于推进大型工程设计单位创建国际型工程公司的指导意见	1999.8	建设部	建设〔1999〕218 号	深化勘察设计单位总承包改革脚步，计划五年内创建拥有设计、采购、建设总承包能力的国际型工程承包公司。首次提出 EPC 概念
9	国务院办公厅转发建设部等部门关于工程勘察设计单位体制改革若干意见的通知	1999.11	国务院办公厅	国办发〔1999〕101 号	为勘察设计单位的改革指明了方向
10	国务院办公厅转发外经贸部等部门关于大力发展对外承包工程意见的通知	2000.3	国务院办公厅	国办发〔2000〕32 号	我国完全具备了进一步发展对外承包工程的能力和条件。统一思想，充分认识发展对外承包工程的重要性；进一步加大开拓国际市场的力度；进一步调整并优化经营主体结构，培育骨干企业，实施大企业战略；建立健全对外承包工程法规，完善监管手段和措施，保证工程质量，维护良好的经营秩序；采取各种经济手段支持对外承包工程的发展；进一步加强对对外承包工程的领导
11	关于培育发展工程总承包和工程项目管理企业的指导意见	2003.2	建设部	建市〔2003〕30 号	鼓励具有工程勘察、设计或施工总承包资质的勘察、设计和施工企业，通过改造和重组，建立与工程总承包业务相适应的组织机构、项目管理体系，充实项目管理专业人员，提高融资能力，发展成为具有设计、采购、施工（施工管理）综合功能的工程公司，在其勘察、设计或施工总承包资质等级许可的工程项目范围内开展工程总承包业务 工程勘察、设计、施工企业也可以组成联合体对工程项目进行联合总承包 打破行业界限，允许工程勘察、设计、施工、监理等企业，按照有关规定申请取得其他相应资质 鼓励大型设计、施工、监理等企业与国际大型工程公司以合资或合作的方式，组建国际型工程公司参加国际竞争

（续）

序号	政策文件	颁布时间	颁布单位	文件号	相关内容
12	建设工程项目管理试行办法	2004.11	建设部	建市〔2004〕200号	工程项目管理业务范围包括：协助业主方与工程项目总承包企业或施工企业及建筑材料、设备、构配件供应等企业签订合同并监督实施
13	建设项目工程总承包管理规范	2005.5	建设部	GB/T 50358—2005	促进建设项目工程总承包管理的科学化、规范化和法制化，提高工程总承包的管理水平
14	关于加快建筑业改革与发展的若干意见	2005.7	建设部、国家发展改革委、财政部、劳动和社会保障部、商务部、国务院国有资产监督管理委员会	建质〔2005〕119号	以工艺为主导的专业工程、大型公共建筑和基础设施等建设项目，要大力推行工程总承包建设方式，鼓励具有勘察、设计、施工总承包等资质的企业发展成为工程建设全过程服务能力的综合型工程公司，开展工程总承包业务
15	建设工程勘察设计资质管理规定	2007.7	建设部	建设部令第160号	取得工程勘察、工程设计资质证书的企业，可以从事资质证书许可范围内相应的建设工程总承包业务，可以从事工程项目管理和相关的技术与管理服务
16	建设项目工程总承包合同示范文本（试行）	2011	住房和城乡建设部、国家工商行政管理总局	GF－2011－0216	规范签订工程总承包合同双方参与主体当事人的市场交易行为
17	标准设计施工总承包招标文件	2011	国家发展改革委、工业和信息化部、财政部、住房和城乡建设部、交通运输部、铁道部、水利部、国家广播电影电视总局、中国民用航空局	发改法规〔2011〕3018号	工程总承包实施的配套文件

（续）

序号	政策文件	颁布时间	颁布单位	文 件 号	相 关 内 容
18	关于推进建筑业发展和改革的若干意见	2014.7	住房和城乡建设部	建市〔2014〕92号	放宽工程总承包政策限制，建立适合工程总承包的招投标和建设管理机制，调整现行管理制度，不再强制要求总承包合同中设计、施工业务通过公开招标方式确定分包单位
19	关于进一步加强城市规划建设管理工作的若干意见	2016.2	中共中央、国务院	中发〔2016〕6号	城市建设要推广工程总承包制
20	住房城乡建设部关于进一步推进工程总承包发展的若干意见	2016.5	住房和城乡建设部	建市〔2016〕93号	为服务于"一带一路"倡议实施提议大力推进工程总承包；完善工程总承包管理制度；提升企业工程总承包能力和水平；加强推进工程总承包发展的组织和实施
21	关于促进建筑业持续健康发展的意见	2017.2	国务院办公厅	国办发〔2017〕19号	装配式建筑原则上应采用工程总承包模式。政府投资工程应完善建设管理模式，带头推行工程总承包。加快完善工程总承包相关的招标投标、施工许可、竣工验收等制度规定。按照总承包负总责的原则，落实工程总承包单位在工程质量安全、进度控制、成本管理等方面的责任。除以暂估价形式包括在工程总承包范围内且依法必须进行招标的项目外，工程总承包单位可以直接发包总承包合同中涵盖的其他专业业务
22	住房城乡建设部关于印发建筑业发展"十三五"规划的通知	2017.4	住房和城乡建设部	建市〔2017〕98号	明确提出工程勘察设计行业应当大力推进工程总承包模式的应用，不断完善与工程总承包模式相关的规章制度。工程总承包企业应当以总承包负总责为基本原则，明确落实在建筑工程质量、进度情况等方面的责任
23	建设项目工程总承包合同	2017.11	住房和城乡建设部、国家工商行政管理总局	GF－2017－0216	进一步规范签订工程总承包合同双方参与主体当事人的市场交易行为

（续）

序号	政策文件	颁布时间	颁布单位	文 件 号	相 关 内 容
24	关于征求房屋建筑和市政基础设施项目工程总承包管理办法（征求意见稿）意见的函	2017.12	住房和城乡建设部办公厅、国家发展改革委办公厅	建市设函〔2017〕65号	有力推进了工程总承包（EPC）管理模式的发展，正式标志着我国的项目管理模式进入了工程总承包的时代
25	建设项目工程总承包管理规范	2018.1	住房和城乡建设部	GB/T 50358—2017	在2005版本的基础上，删除了原规范"工程总承包管理内容与程序"一章，其内容并入相关章节条文说明；新增加了"项目风险管理""项目收尾"两章；将原规范相关章节的变更管理统一归集到项目合同管理一章
26	关于印发住房和城乡建设部建筑市场监管司2018年工作要点的通知	2018.2	住房和城乡建设部	建市综函〔2018〕7号	推进工程总承包，出台房屋建筑和市政基础设施项目工程总承包管理办法，健全工程总承包管理制度。继续修订工程总承包合同示范文本，研究制定工程总承包设计、采购、施工的分包合同示范文本，完善工程总承包合同管理
27	住房和城乡建设部 国家发展改革委关于印发房屋建筑和市政基础设施项目工程总承包管理办法的通知	2019.12	住房和城乡建设部、国家发展改革委	建市规〔2019〕12号	为规范房屋建筑和市政基础设施项目工程总承包活动，提升工程建设质量和效益，对工程总承包项目的发包和承包、项目实施进行规范

　　表1-1所示为工程总承包相关的中央部委政策文件。自《住房和城乡建设部关于进一步推进工程总承包发展的若干意见》（建市〔2016〕93号）以及国务院办公厅《关于促进建筑业持续健康发展的意见》（国办发〔2017〕19号）确立大力发展工程总承包（以EPC为主）的基本路线之后，2017年成为我国工程总承包事业进入高速发展期的起步年。2017年12月底，住建部建筑市场监管司发布了《房屋建筑和市政基础设施项目工程总承包管理办法（征求意见稿）》，标志着2018年工程总承包发展进入新阶段。顶层政策和制度也在逐步完善[8]。

《住房和城乡建设部建筑市场监管司 2018 年工作要点》提出："继续修订工程总承包合同示范文本，研究制定工程总承包设计、采购、施工的分包合同示范文本，完善工程总承包合同管理。"《房屋建筑和市政基础设施项目工程总承包管理办法》于 2019 年 12 月颁布；《建设项目工程总承包合同示范文本》《工程总承包项目设计分包合同示范文本》《工程总承包项目施工分包合同示范文本》《工程总承包项目设备材料采购合同示范文本》等配套示范文本将陆续出台。

1.4.2 试点的开展及地方配套法规政策的出台

2014 年：住房和城乡建设部同意浙江省开展工程总承包试点。

2016 年：住房和城乡建设部同意吉林、福建、湖南、广西、四川、上海、重庆 7 个省、自治区、直辖市开展工程总承包试点。

2017 年 8 月：贵州省开展工程总承包试点，18 家企业成为贵州省第一批工程总承包试点企业。

2017 年 9 月：住房和城乡建设部同意陕西省开展工程总承包试点。

除以上地区和单位，很多省市也在积极推行工程总承包模式。

2018 年以来，各地工程总承包政策频出，工程总承包试点地区和企业越来越多。初步统计，全国已有 300 多家企业被确定为工程总承包试点企业。

我国省级地方政府也相应出台很多工程总承包的政策文件，图 1-3 所示为省级地方政府关于工程总承包的相关政策文件数量趋势。2017 年，共有 27 个省级地方政府总计出台了 41 份有关的工程总承包的地方政策文件；2018 年，新增省级工程总承包政策文件共计 22 份，延续了工程总承包在 2017 年的热度[7]。

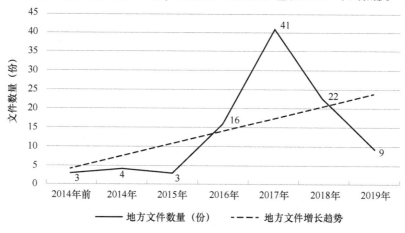

图 1-3 省级地方政府关于工程总承包的相关政策文件数量趋势

在 2017 年 27 个省级地方政府出台有关工程总承包或者涉及工程总承包的地方规范性文件、指导文件等的基础上，2018 年又有 18 个省级地方政府出台了工程总承包专项或相关文件。至此，全国大部分地区均有有关工程总承包或涉及工程总承包的地方性规范文件、指导文件出台[8]。

在 2018 年的 18 个省级地方政府中，共有 10 个是以出台《推进建筑业改革发展实施意见》或《推进装配式建筑实施意见》等各类意见中的专项条款的形式对工程总承包加以规范的，如四川、青海、湖南、湖北、吉林、海南、宁夏、重庆、甘肃、广西。也有另行出台针对工程总承包的专项规范性文件的，如江苏、山东、江西、广西、浙江、安徽、陕西、福建、上海。以上省级地方政府有的是在该年度首次出台涉及工程总承包的相关文件，如四川、青海、重庆等；有的则是在 2017 年的基础上，甚至是 2016 年、2017 年连续两年的基础上，继续出台工程总承包相关政策文件，如浙江、广西、吉林、福建、上海等。其中广西在该年度不仅出台了涉及工程总承包的《推进建筑业改革发展实施意见》，还另行出台了工程总承包专项文件，堪称推广工程总承包最为活跃的地区。另外，值得注意的是，广西、江西两地水利厅均于 2018 年度出台了针对水利工程项目的工程总承包政策文件，这在全国各地尚属首次。2018 年度出台工程总承包专项政策文件的省份比例如图 1-4[8] 所示。

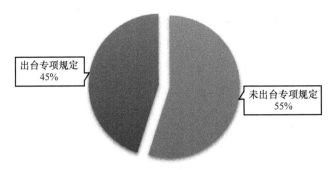

图 1-4　2018 年度出台工程总承包专项政策文件的省份比例图[8]

从政策类型来看，主要以促进建筑业健康发展的实施意见和装配式建筑发展的实施意见为主，其中上海、湖北、湖南、江西、吉林、安徽、浙江、云南等都发布了促进工程总承包发展的指导意见，上海、河北、湖南和广东还发布了工程总承包的实施办法或管理办法，北京、湖南、江苏和山东四省发布了工程总承包的招投标办法或导则，河北、浙江、广西发布了工程总承包的招标文件范本。住房和城乡建设部还发布了工程总承包计价计量规范，这对工程总承包模式在我国的发展起到了很大促进作用[9]。

2017 年，对于我国的工程总承包事业来讲，是特别重要和关键的一年；在此基础上，2018 年工程总承包市场进一步发展、壮大。2017 年和 2018 年是地方政策出台的密集年。截至 2019 年年底，中央及各地方发布的与工程总承包有关的政策文件累计达 247 份。其中，2017—2019 年三年所发布的工程总承包政策为 181 份，占到了政策总数的 73.3%[10]。

建筑业进一步深化体制改革，以适应新时代高质量发展的顶层设计要求。从传统单维度施工承包向集成式工程总承包模式转变，已是新形势下建筑业发展的必然趋势。各地有关工程总承包政策文件的数量开始出现大幅增长，这必然会带来工程总承包的大发展[8]。

与国外成熟的 EPC、DB 等工程总承包实践相比，我国的工程总承包模式虽然才刚刚起步，市场本身的成熟度、各方参与主体的理念都还存在一定的欠缺。但各地政策文件的密集发布加强了对工程总承包领域政策方向的引导，会加速我国工程建设组织方式向工程总承包模式转型[11]。随着我国工程总承包市场本身的不断发展，以及国家"一带一路"倡议所带来的发展机遇，工程总承包未来在我国也一定大有可为[8]。

1.4.3　工程总承包的实践

自改革开放以来，我国经济取得了傲人的成就。进入 21 世纪后，国民经济增速位居世界前列，固定资产投资逐年提高，建筑业总产值也快速上升，"超级工程"震撼全世界。2017 年，我国建筑业总产值达 21 万亿余元，同比增长 10.53%[12]（见图 1-5）。

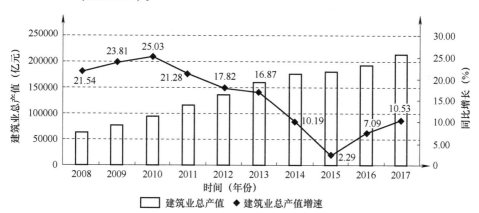

图 1-5　2008—2017 年我国建筑业总产值及同比增速[13]

2018 年，我国全国建筑业总产值约 23.5 万亿元，同比增长 9.9%，全国建筑业房屋建筑施工面积约 140.9 亿 m²，同比增长 6.9%[14]。2018 年固定资产（不含农户）同比增速如图 1-6 所示。

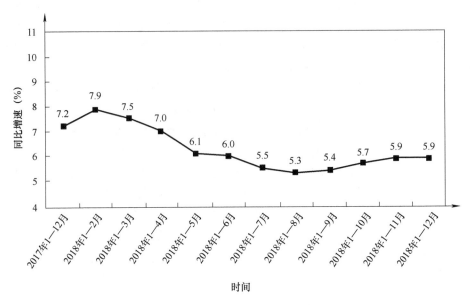

图 1-6　2018 年固定资产（不含农户）同比增速[14]

　　2019 年上半年，全国建筑业共计完成总产值 10.2 万亿元，比去年同期增长 7.2%[15]。2019 全年中国建筑行业总产值为 248445.77 亿元[16]，2015—2019 年的复合年增长率达 8.3%。预期建筑行业总产值将继续稳定增长，并于 2024 年进一步达到 340855 亿元，2019—2024 年复合年增长率为 6.5%[17]。

　　在此大环境下，我国施工企业面临着大好的发展时机，但也面临着严峻的挑战。一是我国建筑业规模虽大，但行业内部竞争激烈持续，截至 2016 年年底，全国大中小施工企业多达 8 万余家，导致投标过程中工程报价越来越低，利润也越来越低，各企业效益均明显下降。二是我国加入 WTO 以来，建筑业面临的机遇与挑战都越来越大，国内企业不但要在日趋开放的国内市场与国际企业竞争，还要走出国门与国外企业竞争。三是随着经济高速增长时代的结束，各行各业都将面临一轮行业洗牌，建筑业企业必将由粗放式发展转入理性发展的阶段。

　　建筑市场正在发生着深远的变革，项目规模大型化、建筑工业化、总承包一体化、技术工艺复杂化、产业分工专业化、建筑信息化趋势愈加明显，客观上也要求工程建设管理全面化、系统化，导致传统工程承发包模式越来越不适应当前的发展。住房和城乡建设部及各省住房和城乡建设厅陆续出台文件，加快推进 EPC 总承包模式，积极努力与国际市场接轨。为了促进工程建设提高质量和效率，推动建筑行业发展，就要更好地发挥 EPC 总承包管理模式对建设工程的积极作用[13]。

我国的 EPC 发展经历了起步阶段（1982—2003 年）、摸索阶段（2003—2014 年），现已进入加速发展阶段（2014 年至今）[18]。

我国以电力勘测设计企业作为试点单位，首次展开了工程总承包模式的尝试[7]。近些年来，工程总承包模式在多数勘察设计企业中发展较为迅速，其项目规模逐渐扩大，在电力、化工、高铁、轨道交通等与建设相关的领域中得以广泛应用，且以更加多元化的形式以及更强的市场适应性的特点成功开拓了市场[19]。

2017 年 9 月 1 日，中国勘察设计协会项目管理与工程总承包分会公布了 2017 年工程总承包企业完成合同额名单。2017 年参加工程总承包排序的企业总数为 168 家，2016 年为 161 家。2017 年完成工程总承包合同总额为 3716 亿元，相比上一年度的 3654 亿元，涨 2%。前十名中石油化工行业仍占据半壁江山。

从合同额分布情况看：2017 年超过 100 亿元的有 5 家，相比上一年度的 7 家，减少了 2 家；50 亿元~100 亿元的有 13 家，相比上一年度的 9 家，增加了 4 家；20 亿元~50 亿元的有 41 家，相比上一年度的 42 家，减少了 1 家；5 亿元~20 亿元的有 67 家，相比上一年度的 56 家，增加了 11 家。

可以看出，有更多的企业参与到了工程总承包中来，导致 5 亿元~20 亿元合同额的企业数量明显增加。但合同额超过 50 亿元的企业数量相对稳定，20 亿元~50 亿元合同额的企业数量也相对稳定。20 亿元合同额基本可以看成是大型工程总承包企业的门槛[20]。

2018 年中国勘察设计协会公布了勘察设计企业工程项目管理和工程总承包营业额 2018 年排序名单。其中，在 169 家上榜企业中，中国石油工程建设有限公司以 1 729 045 万元人民币营业额位居榜首；境外工程总承包营业额的 74 家上榜企业中，中国石油工程建设有限公司以 1 500 600 万元人民币营业额位居榜首[21]。

勘察设计行业的发展潜力一直在建筑产业的整体水平之上。2006—2016 年 10 年间，勘察设计行业营业收入复合增速高达 24.5%，与此同时建筑业产值复合增速约为 18%。除此之外，在勘察设计领域中工程勘察及设计业务所贡献的盈利额不断下降，这正体现了从事勘察设计类的企业逐渐向下游技术服务、工程总承包、工程施工领域延伸，设计及施工一体化的比重正在逐年提升[7]。现阶段在化工、冶金等专业工程建设领域，已基本实现以设计为主导的工程总承包模式[7]。

由中国勘察设计协会建设项目管理和工程总承包分会组织开展的"勘察设计企业工程项目管理和工程总承包营业额排名"工作，每年在全国勘察设计行业进行一次，该项排名适用于工程咨询、工程勘察设计行业，主要考核企业在排名年度内实施的境内外所有工程项目管理和工程总承包项目，旨在推动我国勘察设计行业工程项目管理和工程总承包事业的发展。

住房和城乡建设部《房屋建筑和市政基础设施项目工程总承包管理办法》鼓励有实力的工程设计和施工企业开展工程总承包业务，具体表现为：鼓励设计单位申请取得施工资质，已取得工程设计综合资质、行业甲级资质、建筑工程专业甲级资质的单位，可以直接申请相应类别施工总承包一级资质；鼓励施工单位申请取得工程设计资质，具有一级及以上施工总承包资质的单位可以直接申请相应类别的工程设计甲级资质。

1.5　工程总承包发承包实践中的困境

根据美国设计建造学会（Design Build Institution of America）的报告，国际上"设计–建造"工程总承包比例，1995 年就已达到 25%，2000 年上升到 30%，2005 年上升到 45%，目前为止，国际上工程总承包模式在约 60% 的工程中被采用。

虽然《中华人民共和国建筑法》早就提出"提倡对建筑工程实行总承包"，然而总承包模式的推广并不是很顺利。工程总承包模式在我国经过 30 多年的推广，建筑市场工程总承包比率仍不太高，并且这些总承包项目主要集中在石化、化工、电力、冶金等几个专业工程领域；而作为工程项目数量最大的房屋建筑、市政设施领域，实施工程总承包项目的份额却很小[22]。

发展工程总承包的机制还不成熟，建筑市场信任环境较弱，工程总承包模式的法律法规有待进一步完善，政府投资工程总承包项目在实施过程中存在的问题会影响项目绩效，甚至可能导致无法实现项目目标[6]。

我国的总承包建筑市场环境、市场主体还不成熟，需要建立完备的市场机制，相关的市场关系还没有构建完全，相关的制约规则不完善、市场机制的运作效率还不够高[23]。工程总承包模式下，急需完善相应的总承包市场，通过市场的信息公开，将总承包商的履约行为进行公示，实现总承包商的信用公开透明，进而实现对总承包商的监管；同时业主应该依据签订的合同，根据约定的范围，与总承包商沟通协调，站在双方的角度思考问题，按照规定的时限要求完成属于自己的工作职责；总承包商应该重视对分包单位的管理，积极与分包单位沟通，保证双方的联系[24]。

业主和行业监管部门对总承包的认可度低、缺乏总承包意识，不信任总承包商的综合能力、信用、造价确定以及工程管控能力[25]；同时，缺少优质的工程咨询公司帮助业主进行总承包项目的监管咨询。

当前多数施工企业还无法达到国际上交钥匙工程（EPC）所具备的领先科技、集约管理和自律行为[25]。总承包企业实力不足、相应的组织机构不健全、项目管理模式不匹配。绝大多数专门从事工程总承包的企业还没有建立与自身主营业务相对应的组织机构以及管理体系，更不用说制定详细的管理工作流程；我国的总承包企业管理水平相对落后，没有建立先进的工程总承包项目信息管理系统，缺乏专业的工程总承包高素质复合型人才[26]。总承包企业开展项目管理难度较大，目前总承包企业组织结构的深化改革还不够，也没有有效提高组织结构的合理性，这制约了总承包企业的发展；工程总承包项目在管理上缺乏完善的总承包管理体系；分包管理存在个别违规违法；工程总承包企业缺乏优良的管理团队；承包商项目管理的科学技术还处于比较落后的状态[27]。

工程总承包模式的大力发展，对其发承包方式也提出新的要求。目前基于《建设工程工程量清单计价规范》（GB 50500—2013）的工程量清单计价模式，主要适用于施工图设计完成后即 DBB 模式下的工程发承包方式，不能适应工程总承包的发承包和计价的需求。工程总承包模式的大力推行及发展，亟须建立适用于工程总承包特点的工程量清单和计价方式[28]。

1.6 问题的提出

1.6.1 拟解决的问题

虽然我国现阶段工程总承包的推行还显滞后，但在政府主管部门强有力的政策推动下，为规范工程总承包的有序发展，对工程总承包法律定位问题、市场准入问题、工程总承包企业的管理能力等问题的研究与解决均做出了积极的探索。但现阶段针对适应工程总承包特点的计价规则的政策与研究仍存在相应的缺失与滞后，当前亟待解决的技术难题应该是配套发承包阶段总承包工程价格的确定。

《住房城乡建设部关于进一步推进工程总承包发展的若干意见》（建市〔2016〕93 号）（以下简称"93 号文"）提出："工程总承包项目的发包阶段，建设单位可以根据项目特点，在可行性研究、方案设计或者初步设计完成后，按照确定的建设规模、建设标准、投资限额、工程质量和进度要求等进行工程总承包项目发包"。

我国现阶段采用的计价方式，无论是工程量清单计价模式还是定额计价模式，均建立在完成施工图设计后，工程量清单项目及定额子目均划分较细，因此对设计深度要求较高。对于准备实施工程总承包的项目，无论是在可行性研究、方案设计还是初步设计阶段发包，招标阶段都是没有正式施工图的，所以只能运用现行的建筑工程计价体系。目前，工程总承包项目在招投标阶段采用两种方式确定发承包价格：费率浮动和模拟工程量清单。

工程总承包采用费率浮动招标，是指投标人在投标报价时，以费率的高低代替工程总造价的多少进行竞标。评标委员会以费率高低为主，结合投标人其他相关指标进行综合评审，最终确定中标人的一种招标方式。

采用定额下浮的费率浮动招标不需要提供施工图和工程量清单，投标人只需要填报定额下浮率即可。这种计价模式避开了工程总承包工程招标期间没有完整的工程量清单和对应的计价规则的问题。但费率招标完全没有体现工程总承包的特点和优势，在工程实施时就会出现很多问题。在施工过程中会出现大量的认质算量核价工作，给发承包双方带来了很多争议。在施工过程中，所有项目、所有施工方案都要按定额、按实计算造价，在工程结算时发承包双方为计量、计价、定额问题会进行漫长的争执。除此之外，这种方式的招标工程，在招标时投标人无法报出具体总造价，对于发包人在施工过程中的总造价管理，以及承包人对工程成本的控制尤其不利，完全背离了工程总承包的初衷，不能适应工程总承包的计价需求。

工程总承包采用模拟工程量清单招标，是由于准备实施工程总承包的项目，在招标阶段没有施工图或只有粗略的方案图（初设图），无法根据现行的计量规范编制准确的工程量清单，只能以类似工程或方案图（初设图）模拟编制工程量清单进行招标。由于没有施工图，模拟工程量清单必然出现缺项、漏项和错项的情况，承包人无法较准确地进行投标报价，也会因不平衡报价和变更索赔对发包人投资控制产生大量的风险，导致发承包双方争议不断。采用模拟工程量清单招标，其实质仍然背离工程总承包的初衷，不能适应工程总承包的计价需求。

由于现行的建筑工程计价体系不配套，因而工程总承包项目在可行性研究、方案设计或者初步设计完成后发包，不具有操作性。采用定额费率下浮和模拟工程量清单的方式进行工程总承包招标，与工程总承包模式的本质和特征相差甚远。确定工程总承包模式下项目的发承包价格是一个亟待解决的技术问题。

本书通过研究和探讨适用于总承包项目发承包阶段计价的基本概念、计价依据、费用组成和确定方法，为工程总承包计价规范的建立和完善提供理论依据和方法支撑。

1.6.2 研究意义

工程总承包作为一种新的项目管理组织模式，需要发承包双方承担在没有施工图情况下的工程总承包发承包价格的风险。无论在理论方面还是实践经验方面，都需要不断地完善。本项研究的意义在于：

1）通过工程总承包模式计价方法的研究，为业主（建设单位）、总承包商在发承包阶段确定合理造价提供理论和方法的支持。

2）尝试采用人工智能和知识库技术进行造价确定研究，为工程总承包模式下的计价方法提供切实可行的思路，也为 BIM 技术应用拓宽范围。

1.7 研究对象及技术路线的确定

正如前文所述，工程总承包模式在电力、化工、高铁、轨道交通等与建设相关的领域中得以广泛应用[12]，尤其是在化工行业。为何在建设工程领域的推行却差强人意？建设工程的计价体系、费用构成及相关配套规范的缺失是一个重要的原因。因此，本书以建设工程为研究对象，从发承包阶段总承包工程价格的确定这个角度解决建设工程总承包实践中的一些问题。

1.7.1 研究对象的确定

建设工程涉及很多行业领域，因此，工程实施过程中会出现"多头管理，政出多门"的矛盾，与国际惯例也不相协调。为了解决这一问题，2013 年，住房和城乡建设部正式发布了《建设工程分类标准》（GB/T 50841—2013），明确了建设工程的各种分类。

根据《建设工程分类标准》，建设工程按自然属性可分为建筑工程、土木工程和机电工程三大类[29]。

（1）建筑工程 建筑工程包括民用建筑工程、工业建筑工程以及构筑物工程和其他建筑工程。

（2）土木工程 土木工程包括道路工程、轨道工程、桥涵工程、隧道工程、水工工程、矿山工程、架线与管沟工程以及其他土木工程。

（3）机电工程 机电工程包括工业、农林、交通、水工、建筑、市政等各类工程中的设备、管路、线路工程[29]。

其中，建筑工程是指通过对各类房屋建筑及其附属设施的建造和与其配套的线路、管道、设备的安装活动所形成的工程实体，为人们进行生产、生活或其他活动提供房屋或场所。

　　建筑工程中的民用建筑工程是指直接用于满足人们物质和文化生活需要的非生产性建筑，如住宅、办公楼、幼儿园、学校、食堂、影剧院、商店、体育馆、旅馆、医院、展览馆等[29]。我国现代建筑工程项目的建设中，民用建筑所占据的比重较大，而且是推动国内建筑经济快速发展的重要部分。

　　民用建筑工程结构形式多样，主要有框架结构、剪力墙结构、框架－剪力墙结构、框架－筒体结构和筒体结构等；民用建筑工程结构的构件数量较多，基本构件有基础、墙和柱、楼层和地层、楼梯、屋顶和门窗。因而，工程造价的确定分解到分项工程基础单元，汇总至分部工程，再汇总至单位工程，最后汇总到单项工程。若干单项工程造价的汇总则是建设项目造价。建设项目分解及造价汇总示意如图1-7所示。当然，图1-7表达的是准确度±3%的预算造价形成过程。

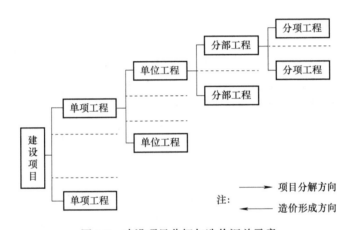

图1-7　建设项目分解与造价汇总示意

　　民用建筑工程的分项工程的项目划分子目繁多，造价确定过程是个系统工程。就构件类别、数量，分项工程子目划分数量，技术方案工种类别来看，民用建筑工程的复杂度不亚于其他类型的建设工程。因此，本书以民用建筑工程为对象进行研究，其他类型的建设工程总承包模式下造价确定的思路及方法与其相同。

1.7.2　研究技术路线的确定

1. 研究内容

研究内容分为七大部分。

第一部分：首先对建设项目工程总承包进行概述，目的是发现工程总承包实践中的问题，提出拟解决的问题。

第二部分：首先，确定研究对象为民用建筑工程；其次，在确定研究内容和研究方法的基础上，对研究技术路线进行描述。

第三部分：通过对比国家发展改革委及住房和城乡建设部、财政部规定的，以及电力工程、水利工程、公路工程的总投资费用构成，进行建设项目工程总承包发承包费用构成的分析；再与《建设项目工程总承包费用项目组成（征求意见稿)》的费用构成进行对比分析，最终确定建设项目工程总承包的发承包费用构成。

第四部分：提出"基"和"扩大分项工程"的概念。在"基"的概念下，基于 BP 神经网络确定扩大分项工程工程量；引入 BIM 技术，基于大数据和人工智能构建扩大分项工程综合单价数据库，解决扩大分项工程综合单价确定的难题。在扩大分项工程工程量和扩大分项工程综合单价都能被确定的基础上，分析建筑安装工程费、总承包发承包其他费用的确定方法。从而完成总承包模式下的发承包价格确定的方法研究。

第五部分：以保障性住房为基，进行基于 BP 神经网络确定扩大分项工程工程量的示例。

第六部分：以保障性住房为基，进行分项工程综合单价、项目特征与扩大分项工程匹配后的组价示例。并对扩大分项工程综合单价数据库的数据调用及使用进行说明。

第七部分：结论与展望。总结研究结论，并对后续研究进行展望。

2. 研究方法

（1）文献研究法 对比分析国家发展改革委员会与住房和城乡建设部、财政部印发文件中规定的建设项目总投资费用构成，以及电力工程、水利工程、公路工程关于总投资费用构成，并与《建设项目工程总承包费用项目组成（征求意见稿)》中的总承包费用构成做比较，确定本课题的研究基础：总承包发承包价格费用构成。

（2）BP 神经网络 将工程特征与工程量之间的映射关系转化为工程特征与特征指标之间的映射关系，利用 BP 神经网络分析工程特征与特征指标之间的映射关系，从而得到特征指标的预测值，继而确定扩大分项工程的工程量，并以此作为工程总承包项目在招投标阶段工程量的确定方法。

（3）案例分析法 以保障性住房为"基"，进行扩大分项工程的工程量确定及扩大分项工程综合单价的组价示例。

3. 研究技术路线

研究技术路线如图 1-8 所示。

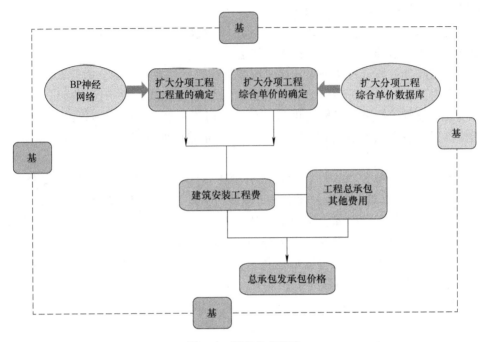

图 1-8　研究技术路线

　　总承包发承包价格的确定，重点及难点在于扩大分项工程工程量及扩大分项工程综合单价的确定。而上述研究技术路径的关键是"基"的概念的提出。针对每一个"基"均可按照图 1-8 的技术路线确定其总承包发承包价格。

第 2 章

工程总承包发承包价格的构成

2.1 建设项目总投资费用构成

之所以要研究建设项目总投资费用构成，有下列两个原因：

1）财政部、国家发展改革委与住房和城乡建设部印发文件中对建设项目总投资费用构成的规定并不完全一致。因此，需要在比较分析的基础上，结合建筑工程的特征，开展民用建筑建设项目总投资费用构成的研究。

2）相较于施工阶段发承包的建筑安装工程费用，工程总承包费用构成明显要广义许多，涉及建筑安装工程费之外更多的费用。由于是多阶段一并发包，工程总承包费用的构成更接近固定资产投资的构成，需要在明确建设项目总投资费用构成的基础上展开研究。

2.1.1 国家发展改革委与住房和城乡建设部印发文件中对建设项目总投资费用构成的规定

国家发展改革委、建设部联合下发的《建设项目经济评价方法与参数（第三版）》（发改投资〔2006〕1325 号）（以下简称《方法与参数》）对固定资产投资估算费用构成及定义见表 2-1。

表 2-1 《方法与参数》固定资产投资费用构成

费 用 名 称	二级费用名称	费 用 含 义
建筑安装工程费	—	—
设备及工器具费	—	—
建设用地费用	—	建设项目通过划拨土地或土地使用权出让方式取得土地使用权，所需的土地征用及拆迁补偿费或土地使用权出让金

（续）

费用名称	二级费用名称	费用含义
与项目建设有关费用	建设管理费	建设单位从项目筹建开始直至项目竣工验收合格或交付使用为止发生的项目建设费用
	可行性研究费	建设项目在建设前期因进行可行性研究工作而发生的费用
	研究试验费	为建设项目提供或验证设计数据、资料，进行必要的研究试验以及按照设计规定在建设过程中必须进行试验、验证所需的费用
	勘察设计费	对工程建设项目进行勘察设计所发生的费用
	环境影响评价费	评价建设项目对环境可能产生的污染或造成的影响所需的费用
	场地准备及临时设施费	建设场地准备费和建设单位临时设施费
	引进技术和设备其他费用	引进技术和设备发生的但未计入设备购置费中的费用
	工程保险费	建设项目在建设期内根据对建筑工程、安装工程、机械设备和人身安全进行投保而发生的费用
	市政公用设施建设及绿化补偿费	使用市政公用设施的工程项目，按照项目所在地省级人民政府有关规定建设或缴纳的市政公用设施建设配套费用，以及绿化工程补偿费
	专利及专有技术使用费、联合试运转费、生产准备费、办公及生活家具购置费	—
与运营有关的费用	—	在建设期间发生并按规定允许在投产后计入固定资产原值的债务资金利息，包括银行借款和其他债务资金的利息以及其他融资费用
建设期贷款利息	基本预备费	在项目实施中可能发生，但在项目决策阶段难以预料的支出，需要事先预留的费用
预备费用	涨价预备费	对建设工期较长的项目而言的，由于在建设期内可能发生材料、设备、人工等价格上涨引起投资增加而需要事先预留的费用

2.1.2 财政部文件对基本建设成本费用构成的规定

财政部对建设项目总投资费用以"基本建设成本费用"的形式做出规定。财政部《基本建设项目建设成本管理规定》(财建〔2016〕504号)对基本建设成本费用构成及定义见表 2-2。

表 2-2 基本建设成本费用构成

费用名称	二级费用名称	费用含义
建筑安装工程投资	建筑工程费	项目建设单位按照批准的建设内容发生的建筑工程和安装工程的实际成本
	安装工程费	
设备投资		项目建设单位按照批准的建设内容发生的各种设备的实际成本(不包括工程抵扣的增值税进项税额)
待摊投资	勘察费、设计费、研究试验费、可行性研究费、项目其他前期费用	待摊投资支出是指项目建设单位按照批准的建设内容发生的,应当分摊计入相关资产价值的各项费用和税金支出
	土地征用及拆迁补偿费、土地复垦及补偿费、森林植被恢复费、租用土地使用权费用	
	土地使用税、耕地占用税、契税、车船税、印花税、其他税费	
	项目建设管理费、代建管理费、临时设施费、监理费、招标投标费、社会中介机构审查费、其他管理费用	
	各类借款利息、债券利息、贷款评估费、国外借款手续费及承诺费、汇兑损益、债券发行费用、债务利息支出或融资费用	
	工程检测费、设备检验费、负荷联合试车费、其他检验检测类费用	
	固定资产损失、器材处理亏损、设备盘亏及毁损、报废工程净损失	
	系统集成等信息工程的费用支出	
	其他待摊投资性质支出	

（续）

费用名称	二级费用名称	费用含义
其他待摊投资		项目建设单位按照批准的项目建设内容发生的房屋购置支出，基本畜禽、林木等的购置、饲养、培育支出，办公生活用家具、器具购置支出，软件研发及不能计入设备投资的软件购置等支出

2.1.3 电力工程总投资费用构成

电力是具有自然垄断性的行业，资本密集度高，建设投资巨大，并具有网络产业特征。从市场需求的角度分析，工程总承包管理模式在电力行业越来越受到建设单位（业主）的青睐。

《电力工程建设预算费用构成及计算标准（2006年版）》（以下简称《电力费用标准》）规定："本标准作为电力工程投资估算、初步设计概算、施工图预算和电力建设工程量清单报价的编制依据，应与电力工程投资估算指标、概算定额、预算定额和电力建设工程量清单计价规范配套使用。""本标准中，投资估算、初步设计概算、施工图预算、招标标底、工程量清单报价及工程结算统称为建设预算"。

上述规定说明，依据《电力费用标准》费用构成和计算办法的详细规定，可以确定电力工程总投资费用构成。《电力费用标准》规定了电力工程建设预算费用由建筑工程费、安装工程费、设备购置费、其他费用和动态费用构成，此处的预算费用也就是电力工程总投资，具体构成见表2-3。

表2-3 电力工程总投资费用构成

费用名称	二级费用名称	费用构成内容
建筑安装工程费		直接费 + 间接费 + 利润 + 税金
设备购置费		设备费 + 设备运杂费
其他费用	建设场地征用及清理费	土地征用费
		施工场地租用费
		迁移补偿费
		余物清理费

(续)

费用名称	二级费用名称	费用构成内容
其他费用	项目建设管理费	项目法人管理费
		工程监理费
		设备监造费
		招标代理费
		工程保险费
	项目建设技术服务费	项目前期咨询费
		知识产权转让与研究试验费
		勘察设计费
		初步设计文件评审费
		项目后评价费
		工程质量监督检测费
		电力建设标准编制管理费
		工程定额测定费
	整套启动试运费	启动试运费
		电网配合费
	生产准备费	管理车辆购置费
		工器具及办公家具购置费
		生产职工培训及提前进厂费
	通信设施防输电线路干扰措施费	
	大件运输措施费	
	临时工程费	临时施工电源、水源、通信工程
	基本预备费	
动态费用	价差预备费	
	建设期贷款利息	

表2-3中，电力工程总投资可以分为两大类，其一是只与建设单位（业主）有关的费用，即建设单位直接支出而与工程总承包企业无关的费用；其二是与建设单位和工程总承包企业都有关的费用，这部分费用归属于工程总承包费用。

2.1.4 水利工程总投资费用构成

水利工程项目投资可划分为工程部分投资、建设征地移民补偿、环境保护工程投资、水土保持工程投资四部分。工程部分投资和建设征地移民补偿主要依据《水利工程设计概（估）算编制规定》（水总〔2014〕429号）文件计算；环境保护工程投资和水土保护工程投资则分别按照相关行业及地方标准进行计算。各部分投资下设一级项目、二级项目、三级项目，便于编制水利工程各类投资。水利工程项目总投资费用构成见表2-4。

表2-4　水利工程项目总投资费用构成

序　号	投资内容	计算依据
1	工程部分投资	《水利工程设计概（估）算编制规定》
2	建设征地移民补偿	《水利工程设计概（估）算编制规定》
3	环境保护工程投资	相关行业及地方标准
4	水土保持工程投资	相关行业及地方标准

在水利工程项目总投资费用构成中，工程部分投资主要包括建筑工程、机电设备安装和临时工程等费用，基本属于建设单位（业主）和承包商的交易费用，即发承包费用。由于水利工程的专业特点，其余三项投资为建设单位（业主）费用，属于建设单位（业主）开发建设水利水电工程项目投资的费用。

2.1.5　公路工程总投资费用构成

公路工程也称公路基本建设工程。公路包括城市间的高速公路、国道、省道、农村道路、国道的高架桥、隧道等。公路工程具有单价高、项目投资巨大、工程技术复杂、不可控因素多、工程周期长、作业线路长、涉及面广等特点，因此在项目实施过程中，采用工程总承包模式的比较多。

公路工程在进行各阶段费用编制时，都有专门的编制方法作为指导。编制可行性研究阶段的投资估算时，参照《公路工程基本建设项目投资估算编制方法》（JTG 3820—2018），编制设计概算和施工图预算时参照《公路工程基本建设项目概算预算编制办法》（JTG 3830—2018）。上述办法分别适用于公路工程基本建设项目投资估算、概算和预算的编制和管理。

按照《公路工程基本建设项目投资估算编制方法》（JTG 3820—2018）的规定，公路工程总造价由建筑安装工程费、设备购置费、工程建设其他费用、预备费、建设期贷款费等构成。此处的总造价也就是工程总投资，具体构成见表2-5。

表 2-5　公路工程总投资费用构成

费 用 名 称	二级费用名称	费用构成内容
建筑安装工程费	直接费	人工费 + 材料费 + 施工机械使用费
	设备购置费	
	措施费	冬季施工增加费
		雨季施工增加费
		夜间施工增加费
		特殊地区施工增加费
		行车干扰施工增加费
		施工辅助费
		工地转移费
	企业管理费	基本费用
		主副食运费补贴
		职工探亲路费
		职工取暖补贴
		财务费用
	规费	养老保险费
		失业保险费
		医疗保险费
		工伤保险费
		住房公积金
	利润	
	税金	
	专项费用	施工场地建设费
		安全生产费
土地使用及拆迁补偿费		
工程建设其他费用	建设项目管理费	建设单位（业主）管理费
		建设项目信息化费
		工程监理费
		设计文件审查费
		竣（交）工验收试验检测费
	研究试验费	
	建设项目前期工作费	
	专项评价（估）费	
	联合试运转费	

（续）

费用名称	二级费用名称	费用构成内容
工程建设其他费用	生产准备费	工器具购置费
		办公和生活用家具购置费
		生产人员培训费
		应急保通设备购置费
	工程保通管理费	
	工程保险费	
	其他相关费用	
预备费	基本预备费	
	价差预备费	
建设期贷款利息		

2.1.6　建设项目总投资费用构成比较

将财政部、国家发展改革委与原建设部及各相关部门文件规定的建设项目投资费用构成进行比较，见表2-6，可以看出由于行业专业的不同，在费用构成划分及归属上存在一些不同之处。

（1）建设单位管理费与建设管理费的区别　国家发展改革委与原建设部联合下发的《方法与参数》相关规定中用到的是建设单位管理费；而电力工程、水利工程、公路工程则用的是项目建设管理费、建设管理费、建设项目管理费。实际上，建设管理费的概念比建设单位管理费的概念要大，建设管理费包括建设单位管理费、工程监理费、招标代理费、工程造价咨询费。由于出台时间较早的关系，《方法与参数》费用构成上有不完善之处。

（2）费用的划分层次不同　如财政部规定将勘察费、设计费等大量费用归属于"待摊投资支出"；公路工程相关规定将勘察、设计费纳入"建设项目前期工作费"；水利工程相关规定将勘测设计费单列；《方法与参数》也将勘察设计费单列。

（3）专业特点的不同所产生的特色费用　如公路工程相关规定的专项评价（估）费、工程保通管理费、专项费用；《方法与参数》中的引进技术和设备其他费用、市政公用设施建设及绿化补偿费。

（4）费用细分程度不同　水利工程相关规定将其他税费包含在其他费用中；财政部相关规定将这部分费用罗列至"待摊投资支出"，但未定义该费用；《方法与参数》则将此费用包含在建安费中。再如工程保险费，水利工程相关规定、《方法与参数》、公路工程相关规定都定义了此费用；而财政部相关规定未提及此费用。

表2-6 建设项目总投资费用构成对比表

序号	费用名称	相关文件的规定				
		国家发展改革委与住房和城乡建设部	财政部	电力工程	水利工程	公路工程
1	建筑安装工程费	建筑安装工程投资	建筑安装工程费	建筑安装工程费	建筑及安装工程费	建筑安装工程费
2	设备及工器具购置费	设备购置费	设备投资	设备购置费	设备费	包含在建筑安装工程费中
3	建设用地费	建设用地费用	待摊投资	建设场地征用及清理费：土地征用费、施工场地租用费、迁移补偿费、余物清理费	建设征地移民补偿投资	土地使用及拆迁补偿费：永久占地费、临时占地费、拆迁补偿费、水土保持补偿费、其他费用
4	建设管理费	建设单位管理费		项目建设管理费：项目法人管理费、工程监理费、设备监造费、招标代理费、工程保险费	建设管理费	建设项目管理费：建设单位（业主）管理费、建设项目信息化费、工程监理费、设计文件审查费、竣（交）工验收试验检测费

（续）

相关文件的规定

序号	费用名称	国家发展改革委与住房和城乡建设部	财政部	电力工程	水利工程	公路工程
5	可行性研究费	可行性研究费		项目建设技术服务费	无	包含在建设项目前期工作费中
6	研究试验费	研究试验费		项目建设技术服务费	无	研究试验费
7	勘察设计费	勘察设计费			科研勘测设计费	包含在建设项目前期工作费中
8	环境影响评价费	环境影响评价费		无	无	包含在专项评价（估）费中
9	场地准备及临时设施费	场地准备及临时设施费	待摊投资	临时工程费		包含在建筑安装工程费中
10	引进技术和进口设备其他费	引进技术和进口设备其他费		无		无
11	工程保险费	工程保险费		包含在建设项目管理费中		工程保险费
12	联合试运转费	联合试运转费		整套启动试运费	联合试运转费	联合试运转费
13	特殊设备安全监督检验费	特殊设备安全监督检验费		项目建设技术服务费		无
14	市政公用设施费及绿化费	市政公用设施及绿化费		无	无	无

序号	费用名称					
15	专利及专有技术使用费	专利及专有技术使用费	待摊投资	项目建设技术服务费	无	无
16	生产准备费	生产准备费	生产准备费	生产准备费 / 管理车辆购置费 / 工器具及办公家具购置费 / 生产职工培训及提前进厂费	生产准备费	生产准备费
17	办公和生活家具购置费	其他待摊投资	包含在生产准备费中	包含在生产准备费中	无	包含在生产准备费中
18	基本预备费	基本预备费	无	基本预备费	基本预备费	基本预备费
19	价差预备费	价差预备费	无	价差预备费	价差预备费	价差预备费
20	建设期利息	建设期利息	无	建设期贷款利息	建设期融资利息	建设期贷款利息
21	工程监理费	无	待摊投资	包含在建设项目管理费中	工程建设监理费	包含在建设项目管理费中
22	招标代理费	无	无	包含在建设项目管理费中	无	包含在建设项目前期工作费中
23	工程造价咨询费	无		无	无	无
24	工程保通管理费	无	无	无	无	工程保通管理费

《方法与参数》的固定资产投资费用构成与房屋建筑专业的费用构成基本相同，但应在建设单位管理费之外补充完善工程监理费、招标代理费、工程造价咨询费等。

总的来看，虽然各相关部门的费用划分归属、费用种类、细分程度有差别，但实质差别并不大，只是费用构成划分及归属上存在一些不同之处。因此，后续总承包费用构成的研究以财政部的《基本建设项目建设成本管理规定》（财建〔2016〕504 号）的内容为主要依据。

2.2 工程总承包的发包阶段

2.2.1 不同省份的规定

工程总承包在哪一个阶段可以发包？实践中对于此问题的解决方案，总体来说是较为统一的。目前各地大部分都确立了建设单位可以在可行性研究、方案设计或者初步设计三个阶段进行工程总承包项目的发包[8]。

不同省份关于工程总承包发包阶段规定的比例如图 2-1 所示。其中，代表省份为：北京、浙江、湖北、河南、广东、安徽、吉林、江西、四川。

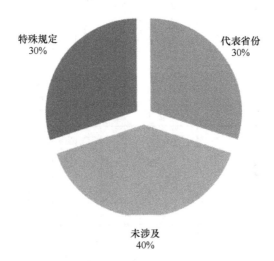

图 2-1　不同省份关于工程总承包发包阶段规定的比例

未涉及省份为：甘肃、贵州、河北、辽宁、山西、云南、内蒙古、宁夏、西藏、黑龙江、青海、重庆。

此外，还存在部分省份有比较具体而特殊的规定：

海南：工程总承包招标应于可行性研究报告批复后实施。

江苏：工程总承包应当优先选择在可行性研究完成即开展工程总承包招标。可行性研究或者方案设计、初步设计应当履行审批手续的，经批准后方可进行下一阶段的工程总承包招标。

陕西：建设单位可根据项目特点，自行决定在可研批复或者初步设计审批后，在项目范围、建设规模、建设标准、功能需求、投资限额、工程质量和进度要求确定后，采用工程总承包模式发包。

山东：装配式建筑工程总承包发包，可以采用以下方式实施：①项目审批、核准或者备案手续完成，其中政府投资项目的发包方式经项目审批部门审批，进行工程总承包发包；②方案设计或者初步设计完成，进行工程总承包发包。采用第①种方式发包的，工程项目的建设规模、建设标准、功能需求、技术标准、工艺路线、投资限额及主要设备规格等均应确定。

上海：2016 年《上海市工程总承包试点项目管理办法》规定，工程总承包发包可以采用以下方式实施：①项目审批、核准或者备案手续完成；其中政府投资项目的工程可行性研究报告已获得批准，进行工程总承包发包。②初步设计文件获得批准或者总体设计文件通过审查，并已完成依法必须进行的勘察和设计招标，进行工程总承包发包。但 2017 年上海市《关于促进本市建筑业持续健康发展的实施意见》则指出，建设单位可在完成工程可行性研究报告或初步设计文件后进行工程总承包发包。

福建（征求意见稿）：建设单位可以根据项目特点，自行决定在可研批复或者初步设计审批后采用工程总承包模式发包。

湖南：建设单位在工程总承包前应组织设计企业编制初步设计文件，并将初步设计文件报相关部门审查，取得初步设计批准文件。房屋建筑和市政基础设施工程实行总承包方式招标的，应当先取得初步设计或方案设计批复文件。政府投资项目，应根据初步设计文件（或方案设计文件）编制工程概算，报发改、财政部门审核批准后方可进行工程总承包。

天津：项目依法履行审批制的，应在初步设计文件或总体设计文件获得批准后开展工程总承包招标。

广西：除有特殊工期要求的项目及部分重点项目外，工程总承包项目宜从方案设计批复后或初步设计批复后再进行工程总承包招标。

2.2.2　住房和城乡建设部的规定

《房屋建筑和市政基础设施项目工程总承包管理办法》（以下简称《总包管理办法》）第三条规定：工程总承包是指承包单位按照与建设单位签订的合同，

ЧтобыЧто

对工程设计、采购、施工或者设计、施工等阶段实行总承包，并对工程的质量、安全、工期和造价等全面负责的工程建设组织实施方式。与《住房和城乡建设部关于进一步推进工程总承包发展的若干意见》（建市〔2016〕93号）中主推EPC和DB的多种工程总承包模式并存的规定不同。《总包管理办法》实质上已明确了未来认可的总承包模式只有EPC和DB两种。

此外，需要注意的是，《总包管理办法》的适用范围为房屋建筑与市政基础设施项目的工程总承包活动，为交通、能源等其他行业主管部门的后续行业工程总承包政策制定留有余地。当然，在没有其他行业政策的情况下，参照《总包管理办法》的规定对工程总承包模式进行限缩很可能是大势所趋[30]。

《总包管理办法》此前的征求意见稿中规定：在可行性研究、方案设计或者初步设计完成后，在项目范围、建设规模、建设标准、功能需求、投资限额、工程质量和进度要求确定后，进行工程总承包项目发包。

《总包管理办法》中规定：采用工程总承包方式的政府投资项目，原则上应当在初步设计审批完成后进行工程总承包项目发包；其中，按照国家有关规定简化报批文件和审批程序的政府投资项目，应当在完成相应的投资决策审批后进行工程总承包项目发包。

对比《总包管理办法》的征求意见稿与《总包管理办法》，并且对各地实践进行分析，发现：

1）《总包管理办法》对政府投资项目的发包阶段做出了限缩规定，原则上应当在初步设计审批完成后进行工程总承包项目发包。

2）结合房屋建筑和市政基础设施项目的特征，对社会资本运作的投资项目，工程总承包未做限定，可以理解为：可行性研究、方案设计或初步设计完成三个阶段期间均可以进行工程总承包发包。

3）目前，各地实践中对发包阶段和条件的规定并不完全一致，通常在项目立项可研批复或完成阶段、方案设计和初步设计审批三个阶段均允许采用工程总承包模式发包，但有些省份并不接受项目立项可研批复或完成阶段的工程总承包发包。因此，在不违反《总包管理办法》相关规定的情况下，工程总承包的地方实践需要注意地方差异。

因此，下面将分别讨论可行性研究阶段的工程总承包费用构成、方案设计阶段的工程总承包费用构成及初步设计阶段的工程总承包费用构成。

2.3 可行性研究阶段的工程总承包费用分析

可行性研究阶段的工程总承包是指从事工程总承包的企业受建设单位（业

主）的委托，在建设项目可行性研究报告批准的情况下，按照工程总承包合同的约定，对工程项目的勘察、建设方案设计、初步设计、施工图设计、设备采购、施工建造实行全过程的承包[31]。

相对应的，可行性研究阶段的工程总承包费用构成需要根据其包含的发包内容予以确定。工程总承包费用是在建设项目可行性研究报告批准的情况下，对工程项目的勘察、建设方案设计、初步设计、施工图设计、设备采购、施工全过程等环节进行总承包的费用汇总。

相较于施工阶段发承包的建筑安装工程费用，可行性研究阶段工程总承包费用构成明显要广义得多，会涉及建筑安装工程费之外更多的费用。由于是多阶段一并发包，可行性研究阶段工程总承包费用的构成更接近固定资产投资的构成，但需剔除建设单位的相关费用，且适当进行其他费用的细分、调整或重新定义，其费用构成对比分析见表 2-7，表中费用构成参考了财政部《基本建设项目建设成本管理规定》（财建〔2016〕504 号）的内容。

表 2-7　可行性研究阶段工程总承包费用构成与固定资产投资构成的对比

固定资产投资构成	费 用 含 义	可行性研究阶段工程总承包费用构成对比分析
建筑安装工程费	为完成工程项目建造、生产性设备及配套工程安装所需的费用	包含
设备及工器具购置费	购置或自制的达到固定资产标准的设备、工器具及生产家具等所需的费用	包含
建设用地费	为获得工程项目建设土地的使用权而在建设期内发生的各项费用	不包含。属于建设方费用
建设管理费	建设单位为组织完成工程项目建设，在建设期内发生的各类管理性费用	部分会转移为总承包单位管理性费用
可行性研究费	在工程项目投资决策阶段，依据调研报告对有关建设方案、技术方案或生产经营方案进行的技术经济论证，以及编制、评审可行性研究报告所需的费用	不包含。属于建设方费用
研究试验费	为建设项目提供或验证设计数据、资料等，进行必要的研究试验及按照相关规定在建设过程中必须进行试验、验证所需的费用	包含
勘察设计费	对工程项目进行工程水文地质勘查、工程设计所发生的费用	包含

（续）

固定资产投资构成	费用含义	可行性研究阶段工程总承包费用构成对比分析
环境影响评价费	在工程项目投资决策过程中，对其进行环境污染或影响评价所需的费用	不包含。属于建设方费用
劳动安全卫生评价费	在工程项目投资决策过程中，为编制劳动安全卫生评价报告所需的费用	不包含。属于建设方费用
场地准备及临时设施费	为使建设项目的建设场地达到开工条件，由建设单位组织进行的场地平整等工作，以及为满足项目建设、生活、办公的需要，用于临时设施建设、维修、租赁、使用所发生或摊销的费用	部分会转移为总承包单位管理性费用
引进技术和进口设备其他费	引进技术和设备发生的但未计入设备购置费中的费用	不包含。属于建设方费用
工程保险费	为转移工程项目建设的意外风险，在建设期内对建筑工程、安装工程、机器设备和人身安全进行投保而发生的费用	不包含。属于建设方费用
联合试运转费	新建或新增加生产能力的工程项目，在交付生产前按照设计文件规定的工程质量标准和技术要求，对整个生产线或装置进行负荷联合试运转所发生的费用净支出	包含
特殊设备安全监督检验费	安全监察部门对在施工现场组装的锅炉及压力容器、压力管道、消防设备、燃气设备、电梯等特殊设备和设施实施安全检验收取的费用	包含
市政公用设施费	使用市政公用设施的工程项目，按照项目所在地省级人民政府有关规定建设或缴纳的市政公用设施建设费，以及绿化补偿费	不包含。属于建设方费用
专利及专有技术使用费	在建设期内为取得专利、专有技术、商标权、商誉、特许经营权等所发生的费用	不包含。属于建设方费用

（续）

固定资产投资构成	费用含义	可行性研究阶段工程总承包费用构成对比分析
生产准备费	在建设期内，建设单位为保证项目正常生产而发生的人员培训费、提前进厂费，以及投产使用必备的办公、生活家具及工器具等的购置费用	不包含。属于建设方费用
办公和生活家具购置费	为保证新建、改建、扩建项目初期正常生产、使用和管理所必须购置的办公和生活家具、用具的费用	不包含。属于建设方费用
基本预备费	投资估算或工程概算阶段预留的，由于工程实施中不可预见的工程变更及洽商、一般自然灾害处理、地下障碍物处理、超规超限设备运输等而可能增加的费用	不包含。属于建设方费用
价差预备费	为在建设期内利率、汇率或价格等因素的变化而预留的可能增加的费用	不包含。属于建设方费用
建设期利息	在建设期内发生的为工程项目筹措资金的融资费用及债务资金利息	不包含。属于建设方费用
工程监理费	建设单位委托工程监理单位对工程实施监督管理工作所需费用	不包含。属于建设方费用
招标代理费	招标代理人接受招标人的委托，编制招标文件，审查投标人资格，组织投标人踏勘现场并答疑，组织开标、评标、定标，提供招标前期咨询以及协调合同签订等收取的费用	部分会转移为总承包单位管理性费用
工程造价咨询费	工程造价咨询人接受委托，编制与审核工程概算、工程预算、工程量清单、工程结算、竣工决算等计价文件，以及从事建设各阶段工程造价管理的咨询服务、出具工程造价成果文件等收取的费用	部分会转移为总承包单位管理性费用

根据表 2-7 的对比分析，可行性研究阶段工程总承包的费用构成见表 2-8。

表 2-8 可行性研究阶段工程总承包费用构成

费用名称	费用含义
建筑安装工程费	为完成工程项目建造、生产性设备及配套工程安装所需的费用
设备及工器具购置费	购置或自制的达到固定资产标准的设备、工器具及生产家具等所需的费用
总承包单位项目管理费	总承包单位用于项目建设期间发生的管理性费用
研究试验费	为建设项目提供或验证设计数据、资料等进行必要的研究试验及按照相关规定在建设过程中必须进行试验、验证所需的费用
工程勘察费	委托工程总承包单位进行工程水文地质勘查所发生的各项费用
工程设计费	委托工程总承包单位进行工程方案设计、初步设计、施工图设计而发生的各项费用
临时设施费	总承包单位为其余项目参与方（除建设方）提供临时设施的费用
联合试运转费	新建或新增加生产能力的工程项目，在交付生产前按照设计文件规定的工程质量标准和技术要求，对整个生产线或装置进行负荷联合试运转所发生的费用净支出
特殊设备安全监督检验费	安全监察部门对在施工现场组装的锅炉及压力容器、压力管道、消防设备、燃气设备、电梯等特殊设备和设施实施安全检验收取的费用
招标投标费	总承包单位勘察、设计、施工、设备采购等分包发生的费用
咨询费	总承包单位委托的咨询业务产生的费用

2.4 方案设计阶段的工程总承包费用分析

方案设计阶段的工程总承包是指从事工程总承包的企业受建设单位（业主）的委托，在建设项目的方案设计已通过规划审批的情况下，按照工程总承包合同的约定，对工程项目的初步设计、施工图设计、设备采购、施工建造实行全过程的承包[31]。

方案设计阶段的工程总承包费用需要根据其包含的发包内容予以确定，其费用是在建设项目方案设计已通过规划审批的条件下，对工程项目的初步设计、施工图设计、设备采购、施工全过程总承包的费用汇总。在表 2-8 的基础上，对个别费用进行调整和修正，方案设计阶段工程总承包的费用构成见表 2-9。

表 2-9 方案设计阶段工程总承包费用构成

费 用 名 称	费 用 含 义
建筑安装工程费	为完成工程项目建造、生产性设备及配套工程安装所需的费用
设备及工器具购置费	购置或自制的达到固定资产标准的设备、工器具及生产家具等所需的费用
总承包单位项目管理费	总承包单位用于项目建设期间发生的管理性费用
研究试验费	为建设项目提供或验证设计数据、资料等进行必要的研究试验及按照相关规定在建设过程中必须进行试验、验证所需的费用
工程设计费	委托工程总承包单位进行初步设计、施工图设计而发生的各项费用
临时设施费	总承包单位为其余项目参与方（除建设方）提供临时设施的费用
联合试运转费	新建或新增加生产能力的工程项目，在交付生产前按照设计文件规定的工程质量标准和技术要求，对整个生产线或装置进行负荷联合试运转所发生的费用净支出
特殊设备安全监督检验费	安全监察部门对在施工现场组装的锅炉及压力容器、压力管道、消防设备、燃气设备、电梯等特殊设备和设施实施安全检验收取的费用
招标投标费	总承包单位设计、施工、设备采购等分包发生的费用
咨询费	总承包单位委托的咨询业务产生的费用

2.5 初步设计阶段的工程总承包费用分析

初步设计阶段的工程总承包是指从事工程总承包的企业受建设单位（业主）的委托，在建设项目初步设计及设计概算批准的情况下，按照工程总承包合同的约定，对工程项目的施工图设计、设备采购、施工建造实行全过程的承包[31]。

初步设计阶段的工程总承包费用需要根据其包含的发包内容予以确定，其费用是在建设项目初步设计批准的情况下，对工程项目的施工图设计、设备采购、施工全过程总承包的费用汇总。在表 2-9 的基础上，对个别费用进行调整和修正，初步设计阶段工程总承包的费用构成见表 2-10。

表 2-10 初步设计阶段工程总承包费用构成

费 用 名 称	费 用 含 义
建筑安装工程费	为完成工程项目建造、生产性设备及配套工程安装所需的费用
设备及工器具购置费	购置或自制的达到固定资产标准的设备、工器具及生产家具等所需的费用

（续）

费用名称	费用含义
总承包单位项目管理费	总承包单位用于项目建设期间发生的管理性费用
研究试验费	为建设项目提供或验证设计数据、资料等进行必要的研究试验及按照相关规定在建设过程中必须进行试验、验证所需的费用
工程设计费	委托工程总承包单位进行施工图设计而发生的各项费用
临时设施费	总承包单位为其余项目参与方（除建设方）提供临时设施的费用
联合试运转费	新建或新增加生产能力的工程项目，在交付生产前按照设计文件规定的工程质量标准和技术要求，对整个生产线或装置进行负荷联合试运转所发生的费用净支出
特殊设备安全监督检验费	安全监察部门对在施工现场组装的锅炉及压力容器、压力管道、消防设备、燃气设备、电梯等特殊设备和设施实施安全检验收取的费用
招标投标费	总承包单位设计、施工、设备采购等分包发生的费用
咨询费	总承包单位委托的咨询业务产生的费用

2.6 工程总承包发承包价格费用构成的确定

参考财政部《基本建设项目建设成本管理规定》（财建〔2016〕504 号）的内容，在表 2-8、表 2-9、表 2-10 中对可行性研究阶段的工程总承包费用构成、方案设计阶段的工程总承包费用构成及初步设计阶段的工程总承包费用构成进行了分析。

在此分析的基础上，再参考 2017 年 9 月 7 日住房和城乡建设部发布的《建设项目工程总承包费用项目组成（征求意见稿）》进行分析。

征求意见稿中，建设项目工程总承包费用项目由建筑安装工程费、设备购置费、总承包其他费、暂列费用构成[32]。其中：

（1）建筑安装工程费 建筑安装工程费是指为完成建设项目发生的建筑工程和安装工程所需的费用，不包括应列入设备购置费的被安装设备本身的价值。

（2）设备购置费 设备购置费是指为完成建设项目，需要采购设备和为生产准备的未达到固定资产标准的工具、器具的价款，不包括应列入安装工程费的工程设备（建筑设备）本身的价值。该费用由建设单位（业主）按照合同约定支付给总承包单位（不包括工程抵扣的增值税进项税额）。

（3）总承包其他费 总承包其他费是指建设单位应当分摊计入工程总承包相关项目的各项费用和税金支出，并按照合同约定支付给总承包单位的费用。

主要包括：

1）勘察费、设计费、研究试验费。

2）土地租用及补偿费。土地租用及补偿费是指建设单位（业主）按照合同约定支付给总承包单位在建设期间因需要租用土地使用权而发生的费用，以及用于土地复垦、植被恢复等的费用。

3）税费。税费是指建设单位按照合同约定支付给总承包单位的应由其缴纳的各种税费（如印花税、应纳增值税及在此基础上计算的附加税等）。

4）总承包项目建设管理费。总承包项目建设管理费是指建设单位（业主）按照合同约定支付给总承包单位用于项目建设期间发生的管理性质的费用。包括：工作人员工资及相关费用、办公费、办公场地租用费、差旅交通费、劳动保护费、工具用具使用费、固定资产使用费、招募生产工人费、技术图书资料费（含软件）、业务招待费、施工现场津贴、竣工验收费和其他管理性质的费用。

5）临时设施费。临时设施费是指建设单位（业主）按照合同约定支付给总承包单位用于未列入建筑安装工程费的临时水、电、路、讯、气等工程和临时仓库、生活设施等建（构）筑物的建造、维修、拆除的摊销或租赁费用，以及铁路码头租赁等费用。

6）招标投标费。招标投标费是指建设单位（业主）按照合同约定支付给总承包单位用于材料、设备采购以及工程设计、施工分包等招标和总承包投标的费用。

7）咨询和审计费。咨询和审计费是指建设单位（业主）按照合同约定支付给总承包单位用于社会中介机构的工程咨询、工程审计等的费用。

8）检验检测费。检验检测费是指建设单位（业主）按照合同约定支付给总承包单位用于未列入建筑安装工程费的工程检测、设备检验、负荷联合试车费、联合试运转费及其他检验检测的费用。

9）系统集成费。系统集成费是指建设单位（业主）按照合同约定支付给总承包单位用于系统集成等信息工程的费用（如网络租赁、BIM、系统运行维护等）。

10）其他专项费用。其他专项费用是指建设单位（业主）按照合同约定支付给总承包单位使用的费用（如财务费、专利及专有技术使用费、工程保险费、法律费用等）。

（4）暂列费用　暂列费用是指建设单位（业主）为工程总承包项目预备的用于建设期内不可预见的费用，包括基本预备费、价差预备费。

在表2-8、表2-9、表2-10中分析的可行性研究阶段、方案设计阶段、初步设计阶段的工程总承包费用构成（下文简称对比分析）与《建设项目工程总承包费用项目组成（征求意见稿）》差别不大。

（1）费用名称不同　对比分析中的"设备及工器具购置费"与征求意见稿中的"设备购置费"概念是一致的，只是费用名称不同。对比分析中的"总承包单位项目管理费"与征求意见稿中的"总承包项目建设管理费"也是同样的情况。对比分析中的"联合试运转费"和"特殊设备安全监督检验费"合并归属于征求意见稿中的"检验检测费"。

（2）包含的费用存在一定偏差　征求意见稿中的"咨询和审计"比对比分析中的"咨询费"的费用内容要全面一些。

（3）单列的费用　"税金"在征求意见稿中是单列的。但在对比分析中，是包含在"建筑安装工程费"中的。

（4）对比分析中缺失的费用　对比分析中缺失土地租用及补偿费、系统集成费、其他专项费用、基本预备费和价差预备费。

总的来看，《建设项目工程总承包费用项目组成（征求意见稿）》的总承包费用构成考虑了工程总承包的特性（如土地租用及补偿费、其他专项费用）以及现代项目管理的发展需求（如系统集成费），更为全面。

不同阶段总承包的费用构成在《建设项目工程总承包费用项目组成（征求意见稿）》中是有参照分析的，见表2-11。

表2-11　各阶段工程总承包费用构成参照表

费 用 名 称		可行性研究阶段	方案设计阶段	初步设计阶段
建筑安装工程费		√	√	√
设备购置费		√	√	√
总承包其他费	勘察费	√	部分费用	—
	设计费	√	除方案设计费用	除方案设计、初步设计的费用
	研究试验费	√	大部分费用	部分费用
	土地租用及补偿费	根据工程建设期间是否需要定		
	税费	根据工程具体情况计列应由总承包单位缴纳的税费		
	总承包项目建设管理费	大部分费用	部分费用	小部分费用
	临时设施费	√	√	部分费用
	招标投标费	大部分费用	部分费用	部分费用
	咨询和审计费	大部分费用	部分费用	部分费用
	检验检测费	√	√	√
	系统集成费	√	√	√
	其他专项费用	根据发包范围及工程建设情况确定		

（续）

费 用 名 称		
暂列费用	基本预备费	根据发包范围确定，进入合同，但由建设单位掌握和使用
	价差预备费	

　　尽管对比分析和征求意见稿的总承包费用构成存在着一些差异，但是建筑安装工程费含义基本一致（税金包含与否是唯一的区别），不影响后续研究。因为，对于工程总承包发承包价格的确定，突破口就在于建筑安装工程费的确定，其余费用的确定方法是一致的。

第 3 章

工程总承包发承包价格的确定方法

传统建设项目施工阶段的发承包，是在具备详细的施工图的基础上，依据《建设工程工程量清单计价规范》（GB 50500—2013）及相关专业工程工程量清单计算规范，计算分部分项工程费及措施项目费，再与其他工程费、规费及税金汇总，确定该阶段发承包价格。

工程总承包与施工阶段发包最大的区别就在于：工程总承包在发承包阶段不具备详细的施工图。因此，在现有的计量计价规范体系下，无法按照传统工程造价形成过程准确地确定分部分项工程的工程量和综合单价，也就无法准确地确定工程总承包的发承包价格。如何在工程总承包没有施工图的情况下，较为准确地确定发承包价格是本章的主要内容。

3.1 建设项目工程总承包的合同形式

绝大多数省份均规定宜采取或主要采取固定总价合同，但同时也存在一定的差异[8]。

浙江和上海规定工程总承包合同宜采用总价包干的固定总价合同形式；江苏规定工程总承包项目应当采用固定总价合同；江西虽未直接规定，但该省相关政策文件均在强调固定总价模式。

广东规定一般应采用固定总价方式进行，根据项目特点也可采用固定单价、成本加酬金或概算总额承包的方式进行。

广西规定工程总承包项目原则上采用固定总价合同；政府和国有资金投资工程总承包推行固定总价合同。

吉林、湖北和湖南规定宜采用总价合同或者成本加酬金合同。

相对而言，福建（征求意见稿）则采取了更为细化的方式：对于政府投资的工程项目，在可研批复后进行工程总承包发包的，宜采用预算后审方式，并在招标文件或者发包合同中约定。在初步设计审批后进行工程总承包发包的，宜采用固定总价合同方式。

陕西对此也采取了细化的方式：对于政府投资的工程项目，在可研批复后进行工程总承包发包的，宜采用预算后审方式，并在招标文件或者发包合同中约定。在初步设计审批后进行工程总承包发包的，宜采用固定总价合同方式。

而未明确涉及工程总承包合同计价方式的省份有：四川、北京、甘肃、海南、河北、辽宁、山东、山西、云南、内蒙古、宁夏、贵州、天津、西藏、黑龙江、青海、安徽、河南、重庆[8]。

采取不同建设项目工程总承包合同形式的省份的比例如图 3-1 所示。

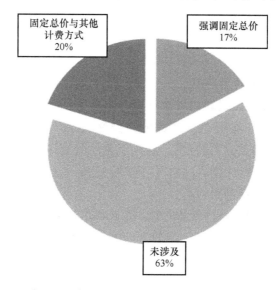

图 3-1　采取不同建设项目工程总承包合同形式的省份的比例

《房屋建筑和市政基础设施项目工程总承包管理办法》（以下简称《总包管理办法》）则规定：企业投资项目的工程总承包宜采用总价合同，政府投资项目的工程总承包应当合理确定合同价格形式。采用总价合同的，除合同约定可以调整的情形外，合同总价一般不予调整。

对各地实践，依据《总包管理办法》进行对比分析：

1）预计未来的工程总承包合同计价方式趋向于采用总价合同。总价合同有利于总承包企业充分发挥自身的项目运营和风险控制能力，从而更有利于建设单位的投资控制。

2）合同总价一般不予调整。基于固定总价的特性，为了避免结算过程中发生争议，尤其是考虑到实践中政府投资项目、国有资金控股或占主导地位的项目政府审计对工程结算的影响，除合同约定的变更调整部分外，合同总价一般不予调整。

3）建设单位（业主）和工程总承包企业可以在合同中约定工程总承包计量规则和计价方法。

总价合同意味着可以采用清单计价模式，但工程量清单不作为合同结算的主要依据。因此，只需要探讨清单计价模式下总价的确定方法。虽然不能确定施工图基础上的准确的分部分项工程量和综合单价，但能准确确定总承包的发承包总价即可。

3.2 "基" 的概念的提出

任何一项工程都有特定的用途、功能、规模。因此，对每一项工程的结构、造型、空间分割、设备配置和内外装饰都有具体的要求，因而使工程内容和实物形态都具有个别性、差异性。产品的差异性决定了工程造价的个别性差异（主要表现为工程量的差异）。同时，每项工程所处地区、地段都不相同，使每项工程的造价也会有所区别，这强化了工程造价"个别性、差异性"的特点（此差异性可通过综合单价来解决）。

本书主要解决工程量差异性的问题，为此提出"基"的概念。

将具有统一的使用功能要求及设计标准的建设工程定义为"基"。作为"基"的建设工程，结构、造型、空间分割、设备配置和内外装饰都相对统一，因此工程量的差异性得到解决，可以利用本书提供的方法计算出较准确的工程量。即本书提出的总承包模式下发承包价格确定方法的前提是选择"基"，通过每一类"基"的造价基础数据获得该类"基"的工程量，继而确定其造价。

当然，此背景下的工程量对应的建设项目分解结构的层次不再是分部分项工程。无论是在可行性研究阶段、方案设计阶段还是初步设计阶段，进行工程总承包的发承包时，详细的施工图都是不具备的，因此，分部分项工程量和综合单价是无法准确确定的。为此，本书还将讨论建设项目分解结构，确定总承包模式下发承包价格确定需要对应的分解层次。

根据"基"的概念，可以进行民用建筑的分类。在民用建筑中，办公楼、教学楼、医院、食堂、火车站、地铁站、公共厕所等均可作为"基"。

在第4章及第5章将选择政府为中低收入住房困难家庭提供的具有保障性质

的住房（以下简称保障性住房）作为"基"，进行方法的具体演示。

3.3　针对"基"的 EBS 分解结构

工程系统分解结构（Engineering Breakdown Structure，EBS）主要是面向工程实体对象的分解，是针对构成部位、元素的分解体系[33]。EBS 事先采用系统分析的方法对项目实体总目标进行研究，从工程的空间范围和系统结构框架两个方面将工程系统划分为各个既相互独立又相互联系的项目目标单元。分解出来的目标单元作为项目建设各阶段的管理对象，以满足规划、设计、施工、运营的需求。从概念可以看出，工程系统分解结构作为一种分解方法时，是工程项目管理的有力工具，也是工程造价确定的基础。构建完整的工程结构分解体系是工程项目管理的基础性工作，也是工程造价的基础性工作。

一个工程系统通常是由许多"功能面"和"专业要素"组合起来的综合体，工程的总功能以及工程的运行是所属的各个功能面综合作用的结果。功能面与工程的用途有关，常常在一定的平面和空间上起作用。常见的一个工程系统由许多单体建筑组成，每个单体建筑在总系统中提供一定的使用功能，即称为一个功能面。例如一个校区由教学楼、图书馆、宿舍楼、实验楼、体育馆和办公楼组成[34]。

每个功能面（每栋建筑）又由许多具有一定专业特征的工程要素构成[35]。这些工程要素具有明显的专业特征，一般不能独立存在，必须通过系统集成共同组合成功能面。如学校的教学楼提供教学功能，包括建筑、结构、给排水、消防、通风系统等专业工程要素。有的专业工程要素还可以分解为子要素，例如建筑结构可分解为基础、柱、梁、板、墙体、屋面及饰面等[34]。EBS 分解示意如图 3-2 所示。

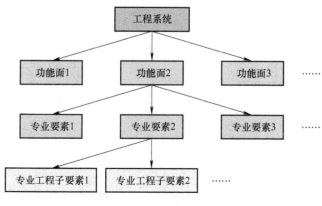

图 3-2　EBS 分解示意

　　EBS 没有统一普遍适用的方法和规则，一般每个层次按照同一口径进行分解，其分解是一个由一般到具体、层层深入的过程。对于一个工程项目，一般是先对该工程的功能面进行分解，得出条理清晰的各个功能；继而在功能面分解的基础上，进行专业工程要素的分解；在此基础上最后进行专业工程子要素的分解。EBS 工程系统结构分解与我国过去常用的工作分解结构（Work Break-down Structure，WBS）是相似的，即一个工程可以分解为许多单项工程，单项工程又可以分解为单位工程，还可以进一步分解为分部工程、分项工程，参见图 2-1 建设项目分解与造价汇总示意。

　　工程总承包模式是在没有具体施工图的情况下进行发承包的，它没办法准确计算分部分项工程的工程量，也没办法对分部分项工程的项目特征进行准确描述，因此，没必要分解至分部分项工程。为此，本书提出扩大分项工程的概念。

　　在建设工程中，工程特征表示为工程特点[36]，它是建筑物结构或建筑上的设计特点描述，也是建筑物工程量或者工程造价的影响因素，主要包括结构类型、基础类型、建筑面积、层高、层数、户型组合等。

　　扩大分项工程是指根据"基"的典型工程特征，依据不同的构造、使用的材料进行划分，但材料规格被统计合并，不再作为项目特征的分解单元。

　　扩大分项工程与分项工程的区别就在于材料规格及施工方法是否作为项目列项的标准。例如：根据《房屋建筑与装饰工程工程量计算规范》（GB 50854—2013）中，附录 H 门窗工程的 H.1 木门工程中有六个分项工程，见表 3-1。

表 3-1　木门工程中的六个分项工程

项目编码	项目名称	项目特征	计量单位	工程量计算规则	工作内容
010801001	木质门	1. 门代号及洞口尺寸 2. 镶嵌玻璃品种、厚度	1. 樘 2. m²	1. 以樘计量，按设计图示数量计算 2. 以 m² 计量，按设计图示洞口尺寸以面积计算	1. 门安装 2. 玻璃安装 3. 五金安装
010801002	木质门带套				
010801003	木制连窗门				
010801004	木质防火门	1. 门代号及洞口尺寸 2. 镶嵌玻璃品种、厚度			
010801005	木门框	1. 门代号及洞口尺寸 2. 框截面尺寸 3. 防护材料种类			1. 木门框制作、安装 2. 运输 3. 刷防护材料
010801006	门锁安装	1. 锁品种 2. 锁规格	个（套）	按设计图示数量计算	安装

按照扩大分项工程的概念，表 3-1 中木门工程的六个分项工程将被合并为一个扩大分项工程：木门工程。木门工程的分项工程，项目特征须描述洞口尺寸及镶嵌玻璃品种、厚度等。而作为"基"（本书选择的是保障性住房），木门的种类、用途有统一的设计标准及用量比例。因此，不再需要细分洞口尺寸及镶嵌玻璃品种、厚度等产生的细分工程量（分部分项工程量），只需要基于数据（统一的设计标准及用量比例）分析，提取"基"的木质门工程工程量即可。针对"基"的 EBS 分解示意如图 3-3 所示。

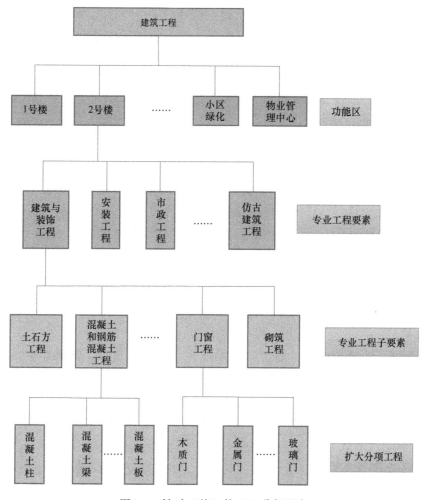

图 3-3 针对"基"的 EBS 分解示意

本书即是基于"基"进行 EBS 分解至扩大分项工程，并将扩大分项工程作为总承包工程发承包阶段造价确定的最基本单元。

3.4 扩大分项工程工程量的确定方法

3.4.1 方法的选择

目前，对于建设项目工程总承包模式下的造价研究，大多集中在造价控制及造价风险方面，发承包阶段的造价确定研究较少，但对工程项目投资估算的确定研究却一直很多。正如上一章的分析，建设项目工程总承包发承包费用构成与工程项目总投资的费用构成十分类似，因此，本书拟通过梳理投资估算确定方法来选择总承包项目的造价确定方法。

工程造价估算模型在英国和美国发展最早也最为完善，经历了 3 代模型的发展[37]。

1. 第 1 代模型

第 1 代模型约在 20 世纪 50 年代至 60 年代后期，其特征是按单位面积造价估算，典型的模型之一是 1962 年成立的英国"工程造价信息服务部"（BCIS）的造价估算数学模型。该模型选择最类似的一个已完工程的数据，按 6 个部分分别估算：基础部分、主体部分、内装修部分、外部工作部分、设备安装部分和公共服务设施部分。其模型为：

$$C = \sum_{t=1}^{6} (tgg_{u}R)_{t} \tag{3-1}$$

式中，R 是每部分的单位造价；t 是时间调整系数；g 是数量调整系数；g_u 是质量调整系数。

这种模型有理论基础，通过将工程分解为 5 个大分部（建筑 2 个大分部，装饰 1 个大分部，安装 1 个大分部，公共区域 1 个大分部），分别估算后汇总，且考虑了与相似项目时间、规模、质量要求的差异对造价的影响。但估算模型的准确性取决于与已完工程项目的相似程度，相似程度越高，准确性越好[38]。

2. 第 2 代模型

第 2 代模型出现在 20 世纪 70 年代中期，以回归分析为主要特征。任何两个工程都不可能完全相同，因此，单纯以某一个已完工程的数据作为参照是不恰当的，而用户又很难恰当地给出各种调整系数。因此，英国的 Kouskoulas 和 Koehn 在 1974 年给出了如下的回归方程：

$$C = a_0 + a_1 v_1 + a_2 v_2 + a_3 v_3 + a_4 v_4 + a_5 v_5 + a_6 v_6 \tag{3-2}$$

式中，C 为单位面积造价估计；v_1 为地区价格指数，反映当地居民的生活水平，由官方公布；v_2 为全国价格指数，由国家每年公布；v_3 为建筑类型指数，反映不同类型建筑物成本比例；v_4 为高度指数，一般用层高来衡量；v_5 为质量指数，主要反映以下 4 个方面内容：①所雇工人和所用材料的质量；②楼房的用途；③设计水平；④构件类型和质量。上述因素多为定性的，为了使其定量化，Kouskoulas 使用了等级系数的办法，由建设单位（业主）通过打分来描述；v_6 为技术指数，主要反映由于使用了新技术、新工艺或新材料所带来的成本变化。

为了估计公式中的参数 a_0，a_1，$\cdots$，a_6，Kouskoulas 用随机采样的方法选取了 38 个已完工程的历史数据，用普通最小二乘法估计出了上述参数，得出了以下的回归方程：

$$C = -81.49 + 23.93v_1 + 10.9v_2 + 6.23v_3 + 0.167v_4 + 5.26v_5 + 30.9v_6 \quad (3\text{-}3)$$

这种模型需要较多的类似已完工项目的历史数据，并且指数需要有权威获取渠道。

3. 第 3 代模型

第 3 代模型出现在 20 世纪 80 年代初期，这一代模型主要有两类：

（1）采用计算机模拟技术建立模拟模型　模拟模型的理论思想是：影响工程造价的许多因素都是不确定的，因此不应追求某个确定的值，而应估计实际造价在某个范围内的概率是多少。根据这种思想，利用计算机来模拟实际工程的施工过程，针对每个分项工程，给出可能造价的先验概率，计算机产生随机数。这个随机数进入下一个分项工程，再结合这项工程的先验概率，又产生一个随机数。这些随机数就代表了每个单项工程的"实际造价"。依次下去，直至全部工程模拟完毕，所有造价之和便可看作总的造价估计。这种模型是在统计大量资料的基础上做出的，估计更符合客观实际；但确定先验概率要求大量已完工程资料，否则模拟结果是不可靠的[39]。

如蒙特卡洛（Monte Carlo）随机模拟估价模型：对于项目的每一个分部分项工程，造价工程师给出造价概率分布，模型软件据此生成随机数，依据随机数形成工程造价的投资估算[40]。蒙特卡洛随机模拟估价模型局限于工程造价专家的个人经验，存在主观因素的影响[41]。

（2）建立工程造价估算专家系统　采用人工智能和知识库技术，建立工程造价估算专家系统，这种模型主要靠专家的知识对工程造价进行估算。此方法的准确性取决于估算专家的经验，并要求知识库经常更新[37]。

人工神经网络是人工智能科学的一个分支，除可用在语言识别、自动控制等领域外[40]，还可应用于预测、评价等其他方面，其准确性明显优于回归模型[42]。应用人工神经网络进行工程造价估算，是人工神经网络应用的又一领域[37]。

邵良杉、杨善元对煤矿井筒工程应用人工神经网络进行造价估价，认为神经网络适用于信息不全或推理规则不明确的问题，模型的权重是通过实例训练学习得出的，避免了人为计取权重的主观影响[37]。

张小平、余建星、段晓晨对政府投资项目的投资估算方法进行了研究：当新建项目没有类似工程参照时，将新建项目分解为有类似项目和无类似项目的显著性成本项目（Cost Significant Items，CSIs）；对前者通过神经网络方法进行预测[43]。

王新征、段晓晨、刘杰运用人工神经网络估算公路工程投资，利用人工神经网络从大量过去的工程估算资料中自动提取工程特征与造价估算的规律关系，建立了投资估算的神经网络模型[44]。

汪东进、李秀生、张海颖、王震借助神经网络的非线性映射能力及对任意函数的逼近能力，通过有效描述变量之间的非线性关系，对西非及亚太地区海上油田钻井完井进行投资估算[45]。

李丽、王国珍、黄善领为解决四川北部山区输电线路工程的独特性问题，借助神经网络的非线性、自学习的特点，构建了输电线路工程的投资估算模型[46]。

由于人工神经网络具备非常强的非线性适应性信息处理能力，能够克服传统人工智能方法在直觉方面的一些缺陷[47]，对投资估算的确定能够满足准确度要求，因而人工神经网络在工程造价确定的研究涉及各类专业工程。建设工程总承包发承包价格的确定，同样具备信息不全、推理规则不明确、非线性等特性，因此，本书选择人工神经网络进行建设工程总承包发承包价格确定的研究。

3.4.2 BP 神经网络相关理论

1. 人工神经网络

人工神经网络（Artificial Neural Networks）是由著名专家赫克特·尼尔森（Hecht Nielson）提出的一种自适应学习算法，能够对输入的信息进行不断的学习，并最终输出相应的学习结果。这种网络由大量信息处理单元相互连接而成，其具体结构是模仿生物神经网络的组织结构，这些组织结构在处理信息方式方面存在较大相似性。人工神经网络主要有以下六个特点[48]：

（1）非线性　人工神经网络中的每一个神经元只有激活和抑制两种状态，整个网络对外表现出的数学形式是非线性的。由于生物大脑中的神经结构本身就是一种非线性状态，因而模仿其结构的人工神经网络自然是非线性系统。

（2）非局限性　人工神经网络是由多个神经元相互连接共同组成的，其计算效果并不由其中某一个神经元决定，而是由整个系统来决定。计算的结果与神经网络中神经元数量、联结方式等都有关。通过这种相互连接而成的人工神经网络，可以很好地模仿人脑的非局限性功能，如联想记忆等。

（3）非常定性　人工神经网络在处理信息过程中会自适应地进行调整，因此具有很强的自适应能力。通过不断地迭代计算和自我调整组织架构，可以获取输入数据中很多潜在信息。因此人工神经网络并不是一个定常系统，而是具有非常强的非常定性。

（4）非凸性　在迭代分析计算过程中，某一个状态函数就会改变其中的信息传输方向，进而影响人工神经网络的学习结果。而这些状态函数通常会有多个极值，当状态函数达到极值时，整个系统会处于比较稳定的状态。当状态函数处于不同极值时，整个学习的演进方向将有所不同。以上这种性质被称为人工神经网络的非凸性。

（5）自适应性　自适应性是指一个系统通过对自身性能的改变来适应环境变化的能力。人工神经网络的自适应性主要表现在：

1）自学习性。在训练过程中，当外界环境发生改变时，人工神经网络在经过一段时间的训练或者感知后，便能够自动对网络结构参数进行调整。

2）自组织性。当受到外部刺激时，人工神经网络能够按照一定的学习规则来对神经元之间的突触连接进行调整，从而构建一种新的人工神经网络。

3）泛化能力。泛化能力是指对某种刺激形成一定条件反应后，对其他类似的刺激也能形成某种程度的这一反应[47]。泛化能力反映了人工神经网络具有进一步学习和自调节的能力，即针对不曾见过的输入做出反应的能力[49]。

（6）容错性　人工神经网络的结构特点主要表现在庞大的网络结构在时间上的并行以及在空间上的分布式存储，这两个结构特点决定了人工神经网络在两个层面体现出信息容错性：

1）当神经网络中的部分神经元存在损坏时，对系统的整体性不会造成影响。

2）对于信息的输入，当信息残缺、模糊或变形时，神经网络可以通过对部分信息的联想达到对完整记忆的恢复[49]。

目前，根据人工神经网络的结构类型可将其划分为前馈、反馈和自组织三种神经网络。当前应用最多的神经网络主要是 BP 神经网络[50]。目前，已经应用的神经网络模型中，约80%属于 BP 神经网络[50]。

2. BP 神经网络

BP 神经网络（Back Propagation Neural Network）是一种应用较为广泛的前馈神经网络，在训练数据过程中应用了反向传播算法，由此而得名。鲁姆哈特（Rumelhart）等人（1986），提出了多神经网络层前馈的误差逆向传播算法[51]。同年，BP 神经网络和反向传播算法由鲁姆哈特等人提出具体应用，对该算法的应用起到了至关重要的推进作用[52]。一种常见的 BP 神经网络拓扑结构（其他类型的网络也具有类似的结构）如图 3-4 所示。

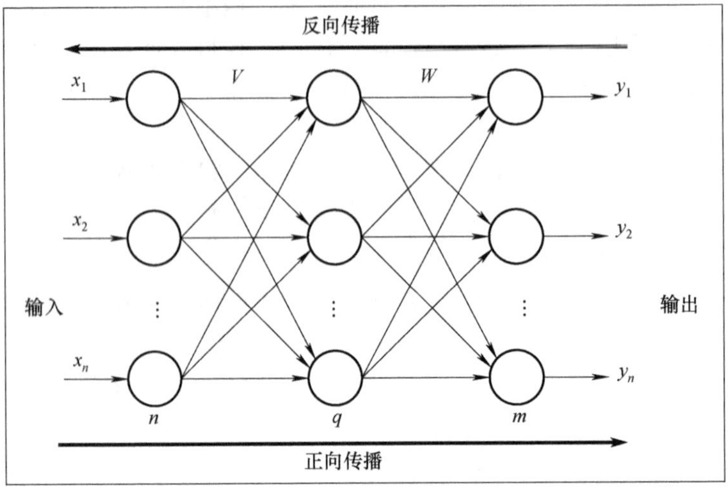

图 3-4　BP 神经网络拓扑结构

　　BP 神经网络是一种多层式神经网络，通常为三层或者三层以上，其中三层的应用最为广泛。三层神经网络主要由输入层、输出层及隐含层构成，其中各层之间通过权值链路进行连接，而同一层的神经元则相互独立。数据信息从输入层开始在网络中进行传输，其中信息经由权值链路在不同层的神经元之间进行传递。每两个由权值链路连接的神经元之间可以相互传递数据，它们之间的链路具有一定的权值，权值表示两个神经元之间的连接强度。通常数据信息传递到一个神经元后，需要超过某一阈值时该神经元才会被激活。以上这种信息传递和处理方式与生物中神经信息传递方式相似。在不断迭代学习过程中，数据信息先从输入层经过隐含层输入到输出层，然后网络会对比实际输出值并比较其中误差，再按照误差减小的方向反向传递到输入层，其中会经过隐含层处理。在此过程中网络中权值链路中的权值会做相应的修改。以上学习过程被称为误差反向学习算法，又被称为 BP 算法。在调整过程中，整个学习方向是按照误差减小最快的方向进行训练和学习，这在数学中被称为"负梯度下降"理论[50]。

　　通常 BP 神经网络训练可分为正向信息传递和反向误差传播两个阶段。主要由信号的正向传播和逆向传播构成。

　　（1）信号的正向传播　信号的正向传播即正向信息传递，把收集的样本作为输入部分进行训练，经过所有隐含层神经元的逐层处理之后，传向输出层，输出结果，并与期望输出进行比较。若不满足期望输出的结果，则进入反向传播；若满足，则训练结束。从输入层到隐含层再到输出层进行逐层处理的过程中，每一层的神经元兴奋或抑制的状态只会影响下一层神经元的状态[47]。

（2）信号的逆向传播　信号的逆向传播又称反向误差传播。当正向传播输出值不满足期望输出时，需进行反向传播，此时把网络的误差信号按照信号正向传播过来的通路反传回去，在过程中逐个修改隐含层神经元的权值系数，目的是使误差趋向于最小值[53]。也就是说，在反向传播的过程中，网络各层误差的大小决定了该层的权值的改变量。

3. BP 神经网络算法流程

BP 神经网络算法实现的流程示意如图 3-5 所示[50]。

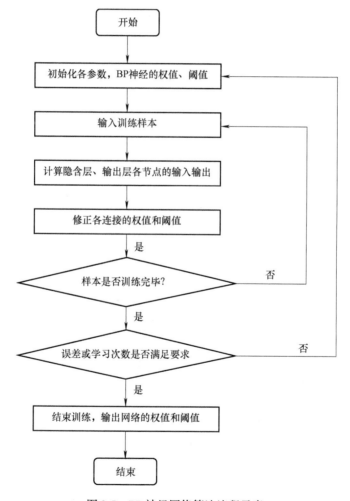

图 3-5　BP 神经网络算法流程示意

3.4.3　BP 神经网络模型及数学推导

1. BP 神经网络模型[47]

BP 神经网络目前应用最为普遍的是单隐含层神经网络模型，如图 3-4 所示，它包括了输入层、隐含层和输出层，因此通常也被称为三层感知器。

三层感知器中，有输入向量为 $X = (x_1, x_2, \cdots, x_i, \cdots, x_n)^T$；隐含层输出向量为 $Y = (y_1, y_2, \cdots, y_j, \cdots, y_m)^T$；输出层输出向量为 $O = (o_1, o_2, \cdots, o_k, \cdots, o_l)^T$；期望输出向量为 $d = (d_1, d_2, \cdots, d_k, \cdots, d_l)^T$。训练样本从输入层到隐含层之间的权值矩阵用 V 表示，$V = (v_1, v_2, \cdots, v_j, \cdots, v_m)^T$，其中的列向量 v_j 表示隐含层第 j 个神经元对应的权向量；样本从隐含层到输出层之间的权值矩阵用 W 表示，$W = (w_1, w_2, \cdots, w_k, \cdots, w_l)^T$，其中的列向量 w_k 表示输出层第 k 个神经元对应的权向量。

三层感知器数学模型中隐含层和输入层、输出层和隐含层之间的数学关系如下：

对隐含层，有

$$
\begin{cases}
y_j = f(\mathrm{net}_j), & j = 1, 2, \cdots, m \\
\mathrm{net}_j = \sum_{i=0}^{n} v_{ij} x_i, & j = 1, 2, \cdots, m
\end{cases}
\tag{3-4}
$$

对输出层，有

$$
\begin{cases}
o_k = f(\mathrm{net}_k), & k = 1, 2, \cdots, l \\
\mathrm{net}_k = \sum_{j=0}^{m} w_{jk} y_j, & k = 1, 2, \cdots, l
\end{cases}
\tag{3-5}
$$

式（3-4）和式（3-5）中，激发函数 $f(x)$ 通常均为单极性 sigmoid 函数

$$
f(x) = \frac{1}{1 + e^{-x}}
\tag{3-6}
$$

根据需要，也可以采用双极性 sigmoid 函数

$$
f(x) = \frac{1 - e^{-x}}{1 + e^{-x}}
\tag{3-7}
$$

为降低计算复杂度，根据需要，输出层也可采用线性函数

$$
f(x) = kx
\tag{3-8}
$$

输入层各单元输入信息 x_i 加权求和后得到隐含单元输入信息 net_j，n 是所有联结到 j 单元的输入单元数。net_j 信号经过激发函数的处理得到隐含层单元的输出 y_j，激发函数 $f(x)$ 可以是非线性函数式（3-6）、阶跃函数式（3-7）或线性函数式（3-8）。

由式（3-6）隐含层单元的输出为

$$y_j = f(\text{net}_j) = \frac{1}{1 + e^{-\text{net}_j + \theta_j}} \tag{3-9}$$

式中，θ_j 为隐含单元阈值。

对于输出单元，隐含层各单元输入信息加权求和后得到该单元的输入信息 net_k，m 是所有联结到 k 单元的隐含单元数。输出单元的输出为

$$o_k = f(\text{net}_k) = \frac{1}{1 + e^{-\text{net}_k + \theta_k}} \tag{3-10}$$

式中，θ_k 为输出单元阈值。

2. BP 神经网络的数学推导

以图 3-4 所示的三层 BP 神经网络模型为例，推导 BP 神经网络的学习算法[47]。

（1）网络的误差　当 BP 神经网络输出不等于期望输出时，存在误差输出结果 E，定义如下：

$$E = \frac{1}{2}(d - O)^2 = \frac{1}{2}\sum_{k=1}^{l}(d_k - o_k)^2 \tag{3-11}$$

将以上误差展开至隐含层，有

$$E = \frac{1}{2}\sum_{k=1}^{l}[d_k - f(\text{net}_k)]^2 = \frac{1}{2}\sum_{k=1}^{l}\left[d_k - f\left(\sum_{j=0}^{m} w_{jk} y_j\right)\right]^2 \tag{3-12}$$

进一步展开至输入层，有

$$E = \frac{1}{2}\sum_{k=1}^{l}\left\{d_k - f\left[\sum_{j=0}^{m} w_{jk} f(\text{net}_j)\right]\right\}^2$$

$$= \frac{1}{2}\sum_{k=1}^{l}\left\{d_k - f\left[\sum_{j=0}^{m} w_{jk} f\left(\sum_{i=0}^{n} v_{ij} x_i\right)\right]\right\}^2 \tag{3-13}$$

（2）基于梯度下降的网络权值调整[54]　由式（3-13）可知，对网络输入误差的调整即是对网络中各层权值 w_{ij} 和 v_{ij} 的调整，因此调整各层权值就可改变误差 E。对权值的调整，采用梯度下降法来使网络的误差不断减小。即，使网络的权值调整量与误差梯度下降成正比，如下

$$w_{ij} = -\eta \frac{\partial E}{\partial w_{jk}}, \quad j = 0, 1, 2, \cdots, m; \quad k = 1, 2, \cdots, l \tag{3-14}$$

$$v_{ij} = -\eta \frac{\partial E}{\partial v_{ij}}, \quad i = 0, 1, 2, \cdots, n; \quad j = 1, 2, \cdots, l \tag{3-15}$$

式（3-14）与式（3-15）并不是具体的权值调整公式，而是对权值调整思路的一种数学表达，据此对三层 BP 算法权值调整的计算公式进行推导。假定在

权值调整公式的全部推导过程中，对输出层均有 $j = 0,1,2,\cdots,m$，$k = 1,2,\cdots,l$；对隐含层均有 $i = 0,1,2,\cdots,n$，$j = 1,2,\cdots,m$；对隐含层均有 $i = 0,1,2,\cdots,n$，$j = 1,2,\cdots,m$。

对于输出层，式（3-14）可写为

$$\Delta w_{jk} = -\eta \frac{\partial E}{\partial w_{jk}} = -\eta \frac{\partial E}{\partial \text{net}_k} \frac{\partial \text{net}_k}{\partial w_{jk}} \tag{3-16}$$

式（3-15）可写为

$$\Delta v_{ij} = -\eta \frac{\partial E}{\partial v_{ij}} = -\eta \frac{\partial E}{\partial \text{net}_j} \frac{\partial \text{net}_j}{\partial v_{ij}} \tag{3-17}$$

定义误差信号，
输出层

$$\delta_k^0 = -\frac{\partial E}{\partial \text{net}_k} \tag{3-18}$$

隐含层

$$\delta_j^y = -\frac{\partial E}{\partial \text{net}_j} \tag{3-19}$$

综合应用式（3-5）和式（3-18），对权值调整式（3-16）改写为
$$\Delta w_{jk} = \eta \delta_k^y \tag{3-20}$$
综合应用式（3-4）和式（3-19），对权值调整式（3-17）改写为
$$\Delta v_{ij} = \eta \delta_j^x \tag{3-21}$$

可以看出，只要把式（3-18）和式（3-19）中的误差信号 δ_k^0 和 δ_j^y 计算出来，即可完成对权值调整量的推导。

输出层 δ_k^0 可展开为

$$\delta_k^0 = -\frac{\partial E}{\partial \text{net}_k} = -\frac{\partial E}{\partial o_k} \frac{\partial o_k}{\partial \text{net}_k} = -\frac{\partial E}{\partial o_k} f'(\text{net}_k) \tag{3-22}$$

隐含层 δ_j^y 可展开为

$$\delta_j^y = -\frac{\partial E}{\partial \text{net}_j} = -\frac{\partial E}{\partial y_j} \frac{\partial y_j}{\partial \text{net}_j} = -\frac{\partial E}{\partial y_j} f'(\text{net}_j) \tag{3-23}$$

下面求式（3-22）与式（3-23）中网络误差对各层输出的偏导。
输出层：对式（3-11）求偏导可得

$$\frac{\partial E}{\partial o_k} = -(d_k - o_k) \tag{3-24}$$

隐含层：对式（3-12），求偏导可得

$$\frac{\partial E}{\partial y_j} = -\sum_{k=1}^{l} (d_k - o_k) f'(\text{net}_k) w_{jk} \tag{3-25}$$

以上结果代入式（3-22）和式（3-23），并应用式（3-7）求得

$$\delta_k^o = (d_k - o_k)o_k(1 - o_k) \tag{3-26}$$

$$\delta_j^y = \left[\sum_{k=1}^{l} (d_k - o_k)f'(\text{net}_k)w_{jk} \right] f'(\text{net}_j) = \left(\sum_{k=1}^{l} \delta_k^o w_{jk} \right) y_j(1 - y_j) \tag{3-27}$$

将式（3-26）与式（3-27）代入式（3-20）与式（3-21），可得三层感知器 BP 神经网络算法权值调整计算公式

$$\Delta w_{jk} = \eta \delta_k^o y_j = \eta(d_k - o_k)o_k(1 - o_k)y_j \tag{3-28}$$

$$\Delta v_{ij} = \eta \delta_j^y x_i = \eta \left(\sum_{k=1}^{l} \delta_k^o w_{jk} \right) y_j(1 - y_j)x_i \tag{3-29}$$

（3）BP 神经网络学习算法的向量形式　输出层：设 $Y = (y_1, y_2, \cdots, y_j, \cdots, y_m)^T$，$\delta^o = (\delta_1^o, \delta_2^o, \cdots, \delta_k^o, \cdots, \delta_l^o)^T$，可得从隐含层到输出层之间的权值矩阵调整量为

$$\Delta W = \eta (\delta^o Y^T)^T \tag{3-30}$$

隐含层：设 $X = (x_1, x_2, \cdots, x_i, \cdots, x_m)^T$，$\delta^y = (\delta_1^y, \delta_2^y, \cdots, \delta_k^y, \cdots, \delta_l^y)^T$，可得从输入层到隐含层之间的权值矩阵调整量为

$$\Delta V = \eta (\delta^y X^T)^T \tag{3-31}$$

由式（3-30）与式（3-31）可得：

1）在 BP 神经网络学习算法中，每一层权值调整公式的形式基本上都是一致的，都是由学习率 η、本层输出的误差信号 δ、本层输出信号 Y（或输入层信号 X）这三个因素决定的。

2）网络输出层的误差信号由实际输出与期望输出的差值决定，而各个隐含层的误差信号则是从输出层为起始，一层一层反向传递过来的，所以它的误差信号是由前面各层的误差信号所决定的。

3. BP 神经网络的具体流程

在图 3-5 的基础上，依据 BP 神经网络的数学推导，将 BP 神经网路的算法流程具体描述为图 3-6。

1）初始化：对权值矩阵 W 和 V 赋予随机数，将样本序号计数器 p 和总训练次数计数器 q 置为 1，误差 E 置为 0，学习率设为 $\eta \in (0, 1)$，训练精度要求 $E_{\min}$ 设为一个正小数。

2）输入训练样本，计算各层输出：用当前样本 X^p 和 d^p 对向量数组 X 和 d 赋值，计算 Y 和 O 中的各分量。

3）计算网络输出误差：设置训练样本共有 P 个，网络对于不同的样本具有不同的误差 $E^p = \sqrt{\sum_{k=1}^{l} (d_k^p < o_k^p)^2}$，可将全部样本输出误差的平方 $(E^p)^2$ 进行累加再平方，并作为总输出误差。$E_{\max}$ 代表网络的总输出误差，实际中更多采用

均方根误差 $E_{\mathrm{RME}} = \sqrt{\dfrac{1}{P}\sum\limits_{p=1}^{P} E^p}$ 作为网络的总误差。

4）计算各层误差信号 δ_k^o 和 δ_j^y。

5）调整各层权值：计算 W 和 V 中各分量。

6）检查是否对所有样本完成一次轮训：对于 P 对训练样本，每轮可训练 P 次，为达到精度要求，需进行多次训练，计数器 q 记录总的训练次数。若 $p < P$，计算器 p 和 q 增1，返回步骤2）。

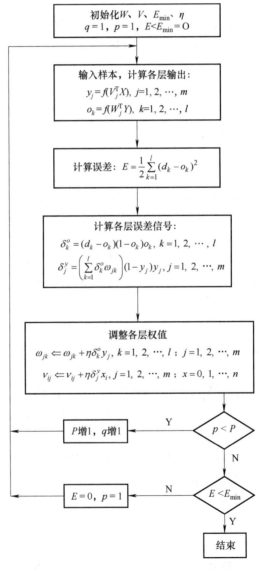

图3-6　BP神经网路算法的具体流程[47]

7）检查网络总误差是否达到精度要求：若达到给定精度要求，训练结束；否则 E 置 0，p 置 1，返回步骤 2）[47]。

3.4.4　扩大分项工程工程量的确定

由于没有施工图，工程量的确定成为总承包模式下发承包价格确定的重点及难点之一。本书选用 BP 神经网络来确定扩大分项工程工程量。

不少研究学者将 BP 神经网络应用于工程造价估算中，利用 BP 神经网络分析工程特征与工程造价之间的非线性映射关系，建立工程造价估算模型，进行工程造价估算[53]。绝大多数的研究都是进行建设项目工程造价估算的直接输出。这样的研究路径，实际是将量和价合并进行造价（费用）的输出，这样的估算测算结果难免存在两者偏差的叠加。正如 3.2 节中提到的，造价的差异性表现为量，也表现为价。因此，本书提出了"基"的概念，在扩大分项工程的分解基本单元上解决量的确定；通过扩大分项工程综合单价解决价的确定，"各个击破"的造价确定研究路径有利于提高造价测算的准确性。

1. 特征指标

特征指标是描述工程量相互关系的相对指标。例如：窗地比，是指窗面积与楼地面面积的比值；窗墙比，是指窗面积与砌体墙面积的比值；$K_周$，是指建筑物周长与建筑面积的比值；钢混比，是指钢筋重量与混凝土体积的比值。

2. 特征指标的测算

工程特征与工程量及工程造价之间存在某种程度上的映射关系[55]。本书将工程特征与工程量之间的映射关系转化为工程特征与特征指标之间的映射关系，利用 BP 神经网络分析工程特征与特征指标之间的映射关系，从而得到特征指标的预测值，继而确定扩大分项工程的工程量，以此作为工程总承包项目在招投标阶段工程量的确定方法。

图 3-7 所示为基于 BP 神经网络的特征指标测算模型。图中隐含单元与输入的工程特征单元之间、输出的特征指标单元与隐含单元之间通过相应的传递强度逐个相互联结，用来模拟神经细胞间的相互联结[36]。

BP 算法的学习过程由正向信息传递和反向传播组成。在正向传播过程中，输入的工程特征信息经隐含单元逐层处理并传向特征指标输出层，如果输出层不能得到期望的输出，则转入反向传播过程，将实际的特征指标值与网络输出特征指标值之间的误差沿原来的联结通路返回，通过修改各层神经元的联系权值，使误差减少，然后再转入正向传播过程，反复迭代，直到误差小于给定的值为止。

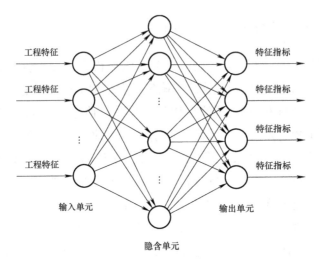

图 3-7　基于 BP 神经网络的特征指标测算模型

3. "工程特征—特征指标" BP 神经网络学习系统

基于 BP 算法，建立"工程特征—特征指标"的 BP 神经网络学习系统，进行扩大分项工程工程量的测算。该系统分为样本录入模块、样本学习模块、误差分析和工程量测算模块，可通过特征指标推算扩大分项工程工程量，具体流程如图 3-8 所示。

（1）样本录入模块　样本录入模块对多个样本的原始数据进行整理：提取常见的工程特征，进行"归一化"量化处理；进行特征指标的输入，如窗地比、$K_{周}$等。

（2）样本学习模块　通过 BP 试算，反复筛选每一个特征指标对应的工程特征，确定作为 BP 神经网络的输入工程特征。

（3）误差分析　通过对输入工程特征进行学习并不断修正误差，BP 神经网络在精度不断提高的学习过程中，确定影响总承包项目扩大分项工程工程量的特征指标输出。

（4）工程量测算模块　依据输出的特征指标计算相应的扩大分项工程工程量。

上述"通过预测特征指标推算扩大分项工程工程量"的流程如图 3-8 所示。

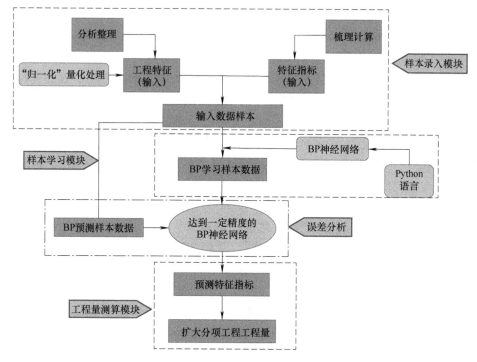

图 3-8　基于 BP 神经网络的"工程特征—特征指标"学习系统

3.5　扩大分项工程综合单价的确定方法

我国现阶段的工程造价形成机制，是一个多次计价、由粗到细、多种计价形式环环相扣、形成多个计价节点的完整过程，每个计价节点的计价主体、计价目的和作用、计价的依据都有所不同[56]。目前的计价最小单元是分项工程，进行分项工程的工程量计算后，借助计价软件确定分部分项工程综合单价，从而汇总计算分部分项工程费。

针对建设项目工程总承包发承包阶段无施工图的特性，本书将计量计价的基本单元定义为扩大分项工程。上一小节已介绍了扩大分项工程工程量的确定方法，本节则介绍扩大分项工程综合单价的确定方法。

3.5.1　方法的选择

综合单价的确定，可以考虑两大类方法：一是统计分析法，二是人工智能与数据库法。

1. 统计分析法

（1）回归分析法　1974 年，英国的 Kouskoulas 和 Koehn 提出回归方程，建筑工程领域就此开始通过运用回归分析法测算回归方程中的参数来构建价格确定模型。回归分析法是根据比较完备的历史统计数据，运用统计学方法进行加工整理，得到有关变量之间的关系，用于预测未来的价格变化情况[57]。

作为一种工程造价估算方法，回归分析法简单易行，能够较快地对工程造价进行估算，不足之处是须根据类似的工程样本进行分析，其准确程度取决于样本的大小及工程项目的相似程度。随着越来越多的学者对该方法进行研究，回归分析法也在被逐步完善。

（2）灰色预测法　灰色预测法是在若干与拟建工程相似的已建工程中进行灰色关联分析，利用相似的已建工程造价资料预估拟建工程的造价。部分信息已知、部分信息未知的系统称灰色系统。灰色理论的微分方程模型简称 GM 模型，基于灰色系统理论的 GM 模型的预测，即为灰色预测[38]。

作为确定工程价格的方法之一，灰色预测法具有快速、简便的特点。然而，值得注意的是影响工程造价的因素很多，对不同的因素进行预测得到的结果也会不同。因此，为了获得更为准确的预测效果，合理优化预测因素显得至关重要[57]。

（3）模糊数学法　模糊数学法是以一组与拟建工程类似的已建工程为基础，运用模糊数学理论，定量地确定工程项目间的相似程度，建立相应的数学模型，推算出拟建工程造价的估算值。模糊数学法主要分为四个步骤：①统计工程信息，建立快速估算工程造价数学模型；②确立模糊关系系数；③分析并计算贴近度；④工程造价估算[38]。

通过对模糊信息进行处理，可以将拟建工程和已建工程之间的相似度进行量化，这也是估算工程造价的主要依据，因此，利用这种方法对建筑工程进行价格确定是可行的。但是，这种方法存在主观判断的影响，取决于专家专业性的贴合度。

2. 人工智能与数据库法

这类方法是在大数据背景下，基于人工智能和数据库结合，通过数据挖掘和人工智能算法的学习能力预测拟建工程的价格。

大数据最初起源于美国，始于 2009 年网络热潮，其理念得到广泛认可，其技术迅速蔓延至各个行业[58]。如今大数据技术已在建筑工程领域广泛应用，建筑行业的信息化建设已是大势所趋[59]。建立各类数据库，利用人工智能技术对海量的数据进行分析和计算，可以发挥人工智能技术在自我组织功能和自我学习功能方面的优势[60]。通过整理大量已建工程的工程造价资料，借助人工智能算法对工程造价受硬件、软件环境影响的参数进行"链接"，数据挖掘处理后形成造价行业的数据库[61]。这类方法对背景知识的必须程度要求较低，需要的是大量的规范标准化的同类型数据文件，通过人工智能算法训练样本数据达到预测的效果。这类方法的优点是不但可以保证数据估算的准确率，还开启了大数据时代工程造价标准数据库的建设共享，有可能改变造价确定的模式，推动工程造价开启新征程。

本书对于扩大分项工程综合单价的确定采用上述方法的第二类——利用大数据背景下工程造价信息的集成，基于人工智能和数据库技术，通过扩大分项工程综合单价数据库，导航提取不同"基"的扩大分项工程综合单价。

3.5.2　BIM 技术的引入

1. BIM 技术特征分析

建筑信息模型（Building Information Modeling，BIM）是建筑学、工程学及土木工程的新工具，是以三维图形为主、有物件导向、与建筑学有关的计算机辅助设计工具。

BIM 技术由 Autodesk 公司在 2002 年率先提出，已经在全球范围内得到业界的广泛认可，它可以帮助实现建筑信息的集成，从建筑的设计、施工、运行直至建筑全寿命周期，各种信息始终整合于一个三维模型信息数据库中，设计团队、施工单位、设施运营部门和建设单位（业主）等各方人员可以基于 BIM 进行协同工作，有效提高工作效率、节省资源、降低成本，以实现可持续发展。

BIM 有如下特征：不仅可以在设计中应用，还可应用于建设工程项目的全寿命周期中；用 BIM 进行设计属于数字化设计；BIM 的数据库是动态变化的，在应用过程中不断更新、丰富和充实；为项目参与各方提供了协同工作的平台。

扩大分项工程综合单价数据库的建立，主要依靠的是 BIM 数字化设计和数据动态性的特性。

（1）BIM 数字化设计　BIM 模型将建筑数据充分融合、统一、分析、应用[62]，表现为几何参数的定义及提取、物件参数的定义及提取、与外部数据库链接与整合及协同工作。

1）几何参数的定义及提取。几何参数是 BIM 模型用来描述对象在二维或三维空间中的重要数据。具体到建设项目，BIM 的几何参数可定义建设项目整体及构件的位置、大小与形状。通过 BIM 提供的功能，可以很容易地提取或修改结构或建筑的几何参数，或是更进一步地利用这些几何参数来进行空间的逻辑判断，如依照方向自动排序的吊装程序，提取对象坐标、自动求和所需的钢筋长度等。

2）物件参数的定义及提取。BIM 模型和传统 3D 模型最大的不同在于，BIM 模型中每个几何对象都带有其特殊的参数，这些参数用来描述每个对象特殊的物性或特征。3D 模型往往只能通过图像的不同来分辨外观相似的几何对象，BIM 模型却可以通过几何对象内部的参数清楚描述其名称或类别。因此，几何对象所携带的参数在 BIM 模型中便扮演了重要的角色。

扩大分项工程综合单价数据库需要提取的就是这类物件参数。具体来说，这类物件参数就是扩大分项工程的项目特征。

例如，某墙体的做法见表 3-2。BIM 建模会将具体的做法进行参数设置（见图 3-9）。因此，图 3-10 中的墙体模型分层显示与表 3-2 中的做法完全对应。图 3-9 中设置的参数正是扩大分项工程确定时需要提取的项目特征。

表 3-2　外墙做法示意

外墙 4	干挂石材外墙面（无保温）	干挂石材饰面
		喷甲基硅醇钠憎水剂
		8 厚 1:0.15:2 水泥石灰砂浆（内掺专业黏结剂）
		14 厚 1:3 水泥砂浆（掺 5% 防水剂）打底，两遍成活，划出纹道
		刷界面处理剂（混凝土基层）
		基层墙体

族：　　　　基本墙
类型：　　　外墙-干挂天然石材墙面 2
厚度总计：　267.0
阻力 (R)：　0.3704 (m²·K)/W
热质量：　　24.19 kJ/K

层	功能	材质	厚度
		外部边	
1	面层 1 [4]	干挂石材饰面	20.0
2	核心边界	包络上层	0.0
3	衬底 [2]	喷甲基硅醇钠憎水剂	0.0
4	衬底 [2]	8厚1:0.15:2水泥石灰砂浆（内掺专业黏结剂）	8.0
5	保温层/空气层 [3]	14厚1:3水泥砂浆(掺5%防水剂)打底，两遍成活	14.0
6	衬底 [2]	刷界面处理剂（混凝土基层）	20.0
7	结构 [1]	基层墙体	200.0
		内部边	

图 3-9　墙体做法参数设置

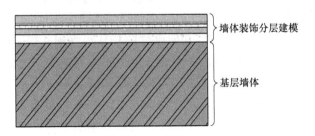

图 3-10　墙体分层建模效果图

3）与外部数据库链接与整合 在项目建设的过程中，有许多因为不同的需求而产生的数据库被大量使用，如维护阶段所需要的设施数据库、节能分析所需要的设计参数数据库等。这些数据库可以和 BIM 模型产生紧密的链接，或是交换彼此的数据。如此一来，一方面，若数据库发生变化，BIM 模型便可以在第一时间接收到信息，并更改修正 BIM 模型内部的数据，以达到两端数据统一且同步。另一方面，也可以通过数据库和 BIM 模型链接的方式，利用 BIM 模型的 3D 视图来实现数据库所没有的可视化功能，增进数据的可读性与可掌握性。

扩大分项工程综合单价数据库同样与 BIM 模型建立紧密的链接，因此，提取的扩大分项工程的项目特征是动态修改的。

4）协同作业。一个完整的 BIM 模型的建立，往往不是一个人能够独立完成的，而是通过许多工程师的协同作业，相互沟通而生成的，此时协同作业便成为一个重要的课题。许多 BIM 软件已经能够实现多人合作且共同编辑的功能，BIM 软件可以通过网络呼叫的方法，让两个位于不同地点的 BIM 软件可以交流彼此的信息[59]。

协同工作中，造价工程师与设计人员的沟通必不可少。例如，哪些物件参数需要定义（从造价的角度），如何定义构件才能提取完整的扩大分项工程综合单价数据库需要的物件参数等。

图 3-11 所示是设计人员对同一个墙体做法进行的 BIM 模型构建。对应的参数设定如图 3-12 所示。由于设计人员会将装饰做法全部定义为一层（方便后面门窗的放置），因此，图 3-11 所示的墙体模型就只有两层。

将图 3-11 与图 3-10 对比，会发现设计人员将墙体分层做法合并成一层表达了。这对于设计人员实现他（或她）的建筑结构设计模型是完全没问题的：既能看出结构层，也能显示装饰层。但是这个模型在提取造价参数时就会发生缺失。因此，造价人员和设计人员协同建模是非常有必要的。

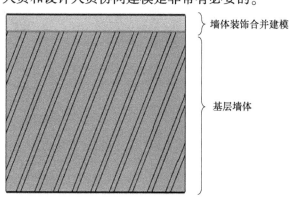

图 3-11 设计人员的墙体建模效果图

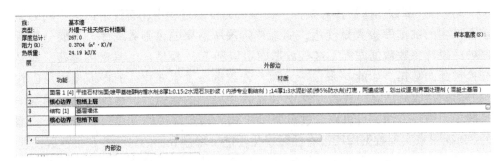

图 3-12　设计人员对墙体做法参数的设置

（2）BIM 数据动态性　正因为 BIM 数据与外部数据库链接与整合，并且可应用于建设工程项目的全寿命周期中，因此从 BIM 提取的物件参数是动态的，也是真实的。对扩大分项工程综合单价的分析应该体现区域性和时效性，而这些需求因 BIM 数据的动态性而得到解决。

2. 基于 BIM 的扩大分项工程综合单价数据库的构建

目前，BIM 软件主要提供 6 大应用功能：建筑信息建模、多维管理、数据库交互、方案优化、成果交付、绿色节能分析[63]，如图 3-13 所示。

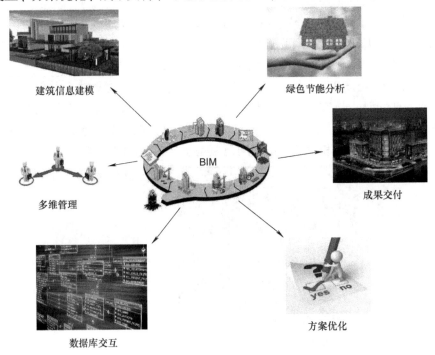

图 3-13　BIM 应用功能示意

BIM 的主要技术基础是三维数字，核心是三维模型所形成的数据库。它将不同专业设计师的理念结合于一体，可以存储从设计、施工、建成使用直至最终拆除的完整过程的信息，通过构件参数定义来建立模型，将真实的建筑信息数据进行参数化后运用到项目的各个阶段。

BIM 技术把建筑工程的时间、空间、技术、投入资金、工艺和设计标准数据化，模型建立及分析具有智能化的功能，能够将信息提供给参与方进行信息共享，以便共同完善数字模型，更好地完成建设项目的实施[64]。

基于 BIM 的扩大分项工程综合单价数据库的构建，就是借助 BIM 的数据库交互功能，通过有效应用 BIM 技术，完全可以将以往的工程造价数据分类（区分不同的"基"）储存到数据库中。

3.5.3　扩大分项工程综合单价的确定

由于已建项目在当前的计量计价体系下，都是将分项工程作为最小计价单元，因此，BIM 数据库中提取的相关信息都是针对分项工程这一层面的。本书提出的扩大分项工程综合单价数据库需要进行"贴标签"工作。所谓贴标签，就是指基于扩大分项工程这一分解结构，提取相应的设计标准和规范做法（前提是已经进行了"基"的分类），对相应的综合单价进行匹配工作。匹配后的扩大分项工程综合单价进行分"基"存储，以便不同"基"的建设项目进行总承包发承包价格确定时能有针对性的提取。扩大分项工程综合单价数据库构建的流程示意如图 3-14 所示。

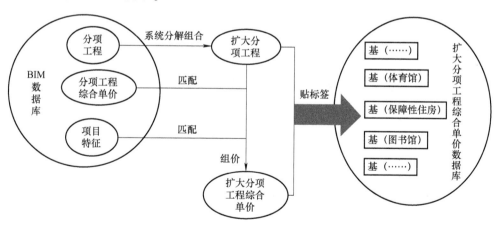

图 3-14　扩大分项工程综合单价数据库构建的流程示意

扩大分项工程综合单价数据库构建的流程可以分为以下几步：

1）BIM 数据库中，针对每一个对象（建设项目）提取分项工程、分项工程综合单价及项目特征等数据信息。

2）将对象进行系统分解组合至扩大分项工程。

3）将分项工程综合单价、项目特征与扩大分项工程进行匹配，在匹配好的基础上通过组价确定扩大分项工程综合单价。

4）扩大分项工程综合单价与对应的扩大分项工程"贴标签"后，按"基"分类，存储在扩大分项工程综合单价数据库中。

其中，组价的概念及方法与目前的计量计价体系下的组价概念一致，具体示例见第5章。

构建了针对不同"基"的扩大分项工程综合单价统一存储数据库，拟建项目在需要确定扩大分项工程综合单价时，只需要对应提取即可。

3.6 工程总承包发承包价格的确定

基于 BP 神经网络解决了扩大分项工程工程量的确定难题；利用大数据背景，通过人工智能与数据库相结合，基于 BIM 数据库建立不同"基"的扩大分项工程综合单价数据库，解决了扩大分项工程综合单价的确定难题。

在上述研究的基础上，可以确定扩大分项工程费；接着确定措施项目费、其他项目费及规费，进而得到总承包项目的建筑安装工程费；最后通过确定设备购置费、总承包项目的其他费用以及暂列费用，最终确定总承包项目的发承包价格。

3.6.1 建筑安装工程费的确定

确定总承包模式下的建筑安装工程费是第一步也是最关键的一步。

1. 建筑安装工程费的费用构成

《建筑安装工程费用项目组成》（建标〔2013〕44 号）中，建筑安装工程费用按工程造价形成顺序划分为分部分项工程费、措施项目费、其他项目费、规费和税金（见图 3-15）。

建设项目不论总承包与否，建筑安装工程费包含的内容应该是一致的，只是计算方法或过程会有所不同。对比分析《建筑安装工程费用项目组成》（建标〔2013〕44 号），本书对总承包下的建筑安装工程费的计算有两点差异需要说明：

（1）扩大分项工程费 《建筑安装工程费用项目组成》（建标〔2013〕44 号）中是分部分项工程费，总承包发承包价格中是扩大分项工程费。扩大分项工程费与分部分项工程费的费用含义完全一致，只是在计算费用时，分解的最基本计价单元有所不同。

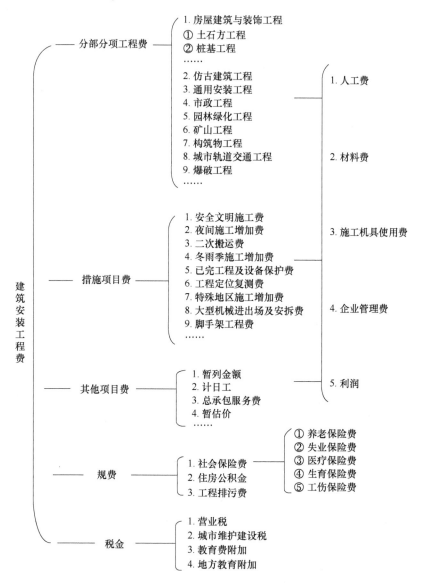

图3-15 建筑安装工程费用构成（按造价形成划分）

（2）税金 《建筑安装工程费用项目组成》（建标〔2013〕44号）对应的是施工阶段的发包，因此合同价即为建筑安装工程费，税金理应计算至建筑安装工程费中。

总承包的发承包模式下，总承包商的造价的概念与建设项目固定资产投资接近，合同价即为总承包费用，税金需要从建筑安装工程费中移出，单列至总承包费用的费用构成中（见表 2-11）。因此，总承包发承包模式下

建筑安装工程费 = 扩大分项工程费 + 措施项目费 + 其他项目费 + 规费

2. 建筑安装工程费的确定

（1）扩大分项工程费　首先，基于 BP 神经网络确定扩大分项工程的工程量。其次，从扩大分项工程综合单价数据库中提取综合单价。扩大分项工程费的计算为

$$扩大分项工程费 = \sum (扩大分项工程工程量 \times 扩大分项工程综合单价)$$

需要强调的是，上述计算的前提为某一特定的"基"。

扩大分项工程费确定方法示意图如图 3-16 所示。

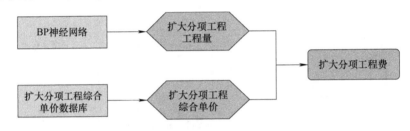

图 3-16　扩大分项工程费确定方法示意图

（2）措施项目费　措施项目费包括单价措施项目费和总价措施项目费。

1）单价措施项目费。单价措施项目是可以计算出工程量的措施项目。单价措施项目费的计算方法为各单项措施的工程量乘以综合单价。因此，单价措施项目费的确定方法与扩大分项工程费的确定方法完全一致。针对不同的"基"，基于 BP 神经网络，通过与单价措施相关的项目特征的输入，获取特征指标的输出，再根据测算的特征指标确定单价措施项目工程量。单价措施项目综合单价同样是存储在基于 BIM 数据库构建的不同"基"的综合单价数据库中，需要时对应提取。

2）总价措施项目费。总价措施项目是按费率计算的措施项目，例如安全文明施工费、夜间施工增加费、非夜间施工增加费、二次搬运费、冬雨季施工增加费等。《建筑安装工程费用项目组成》（建标〔2013〕44 号）中，总价措施项目费的计算方法为（分部分项工程的定额人工费 + 单价措施项目的定额人工费）×总价措施费费率。因此，建设项目总承包模式下的总价措施项目费的计算式为

$$总价措施项目费 = \sum (扩大分项工程的定额人工费 +$$
$$单价措施项目的定额人工费) \times 总价措施费费率$$

（3）其他项目费　《建筑安装工程费用项目组成》（建标〔2013〕44 号）

中，其他项目费主要包括：暂列金额、计日工、总承包服务费及暂估价。

其中，暂列金额按扩大分项工程费的 10% ~ 15% 计取。计日工在招投标阶段往往不进行报价，而是在工程量清单中编制说明规定计价的文件依据。总承包服务费在建设项目工程总承包模式下不再存在。暂估价在结算时按实结算，会计入扩大分项工程综合单价中。

因此，其他项目费在总承包项目招投标阶段只需要确定暂列金额，按扩大分项工程费的 10% ~ 15% 计取。

（4）规费　规费主要包括：社会保险费、住房公积金、工程排污费。其中社会保险费和住房公积金可用（扩大分项工程的定额人工费 + 单价措施项目的定额人工费）× 费率计算，工程排污费按工程所在地环境保护部门收取标准，按实计入。

因此，建筑安装工程费的确定，关键是扩大分项工程费的确定。扩大分项工程费确定后，其余费用的确定迎刃而解。

3.6.2　其他费用的确定

1. 设备购置费的确定

设备购置费的确定有两种情况，一是国家标准设备购置，其费用为设备价格与设备运杂费、备品备件费之和；二是非国家标准设备购置，其费用有多种不同的计算方法，如成本计算估计法、系列设备插入估算法、分部组合估价法、定额估价法等[65]。

总承包项目无论是在可行性研究阶段、方案设计阶段，还是初步设计阶段，拟建项目所需设备的数量、种类、规格、型号均应有明细清单，因此，总承包模式下的设备购置费可按实计算。

2. 总承包其他费的确定

工程总承包模式下各阶段发承包的其他费用，在不同阶段的发包费用构成会略微有些不同（见表 2-11）。

可行性研究阶段总承包其他费包括：勘察费、设计费、研究试验费、土地租用及补偿费（根据工程建设期间是否需要定）、税费（根据工程具体情况计列）、总承包项目建设管理费（大部分费用）、临时设施费、招标投标费（大部分费用）、咨询和审计费（大部分费用）、检验检测费、系统集成费以及其他专项费用（根据发包范围及工程建设情况定）。

方案设计阶段总承包其他费包括：勘察费（部分费用）、设计费（除方案设计费用）、研究试验费（大部分费用）、土地租用及补偿费（根据工程建设期间是否需要定）、税费（根据工程具体情况计列）、总承包项目建设管理费

（部分费用）、临时设施费、招标投标费（部分费用）、咨询和审计费（部分费用）、检验检测费、系统集成费以及其他专项费用（根据发包范围及工程建设情况定）。

初步设计阶段总承包其他费包括：设计费（除方案设计、初步设计的费用）、研究试验费（部分费用）、土地租用及补偿费（根据工程建设期间是否需要定）、税费（根据工程具体情况计列）、总承包项目建设管理费（小部分费用）、临时设施费（部分费用）、招标投标费（部分费用）、咨询和审计费（部分费用）、检验检测费、系统集成费以及其他专项费用（根据发包范围及工程建设情况定）。

以上各个阶段总承包其他费分为两种情况：一种是按照国家、行业或项目所在地的相关规定进行计算；另一种是按照市场收费情况，按实计算。

在确定总承包发承包价格时不妨借鉴投资估算的做法：以建筑安装工程费与设备购置费之和为基数计取。

3. 暂列费用的确定

总承包模式下的暂列费用是指建设单位为工程总承包项目预备的用于建设期内不可预见的费用，包括基本预备费、价差预备费。

基本预备费是以建筑安装工程费、设备购置费以及总承包其他费用之和为计取基础，乘以基本预备费费率进行计算的。

基本预备费 =（建筑安装工程费 + 设备及工器具购置费 + 总承包其他费用）× 基本预备费费率

价差预备费是指建设项目在建设期内由于价格等变化引起工程造价变化的预测预留费用。费用内容包括人工、设备、材料和施工机械的价差费，建筑安装工程费及工程建设其他费用调整，利率、汇率调整等所增加的费用。

价差预备费一般根据国家规定的投资综合价格指数，以估算年份价格水平的投资额为基数，采用复利方法计算。计算公式为

$$PC = \sum_{t=1}^{n} I_t \left[(1+f)^m (1+f)^{0.5} (1+f)^{t-1} - 1 \right]$$

式中　PC——价差预备费；

　　　I_t——建设期第 t 年的投资计划额，包括工程费用、工程建设其他费用及基本预备费；

　　　f——年价差率，政府主管部门有规定的按规定执行，没有规定的由工程咨询人员合理预测；

　　　n——建设期年份数；

　　　m——建设前期年限（从编制估算到开工建设，单位为年）。

3.6.3　总承包模式下发承包价格的确定

建设项目工程总承包价格由建筑安装工程费、设备购置费、总承包其他费和暂列费用构成。总承包模式下发承包价格的确定流程如图 3-17 所示。

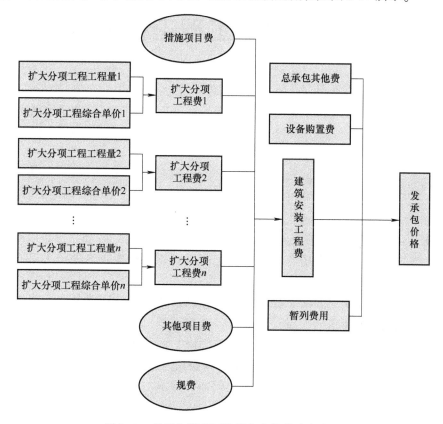

图 3-17　总承包模式下发承包价格的确定流程

首先确定扩大分项工程费，接着确定措施项目费、其他项目费及规费，进而得到总承包项目的建筑安装工程费，然后确定设备购置费、总承包项目的其他费用以及暂列费用，最终确定总承包项目的发承包价格。

实际上，建设项目工程总承包发承包价格的确定难点及关键点就在于扩大分项工程费的确定。因此，后续章节将分别对扩大分项工程工程量和综合单价的确定进行实例演示，选取保障性住房作为"基"。

第 4 章

扩大分项工程工程量确定示例

本章选择保障性住房作为"基"进行扩大分项工程工程量确定方法的具体演示。

4.1 "保障性住房"工程特征的提取

基于 BP 神经网络的扩大分项工程工程量确定是针对 EBS 项目分解后的扩大分项工程的工程量进行分析与预测。首先需要对原始数据样本进行人工初步处理，提取影响工程量的工程特征。

民用建筑中，作为分项工程工程量影响因素的工程特征非常多，如结构体系、基础形式、平面布局、层高、层数、建筑面积；抗震等级、耐火等级、户型组合、户型、户数，楼地面面积、钢筋等级、钢筋规格、混凝土强度、砂浆标号，电梯台数等。上述工程特征的确定需要较为详细的施工图。

扩大分项工程工程量影响因素的工程特征提取，可以借鉴分项工程的工程特征，需要造价人员的专业积累。通过 BP 神经网络，可以建立工程特征与特征指标之间的映射，但如果作为输入的工程特征提取发生遗漏，建立映射的前提不够完备，就肯定会影响最后特征指标的输出。因此，不同"基"的工程特征提取实际上也是一个研究课题，其研究方法可参考风险管理中风险指标体系构建的定性与定量方法。本章不再深入。

表4-1（见书末插页）所示是针对"保障性住房"提取的工程特征。工程特征的提取采用了专家调查法。提取的工程特征有：抗震设防烈度、抗震等级、耐火等级、建筑分类、功能、结构体系、户型组合、建筑形态、户型、层数、标准层高、场地类别、建筑高度、楼梯间类型、建筑面积、楼地面面积。

样本数据由成都市大匠通科技有限公司提供。样本所使用的工程项目数据来自于成都市青羊区马厂村的某住宅小区，其位于成都市青羊区马厂村2、3组规划用地范围内，东侧临近成都市绕城高速，南侧临近光华大道。样本数据库中共有 53 套保障性住房的数据信息，涵盖了多层（7 层以下）、小高层（8～12 层）和高层（12 层以上，含 12 层）等不同层高的保障性住房造价文件及施工、竣工图。

表 4-1 中的工程特征需要进行数据处理，需要规范工程特征的数值，改变区间长度，方可输入 BP 神经网络。上述工程特征分为两大类：一类是定量的工程特征，如建筑面积，进行"归一化"处理；另一类是定性的工程特征，如户型、建筑形态等，需要量化。

4.1.1 定量工程特征的 "归一化" 处理

"保障性住房"提取的定量工程特征包括：建筑面积、楼地面面积。

选择"最大－最小标准化"进行归一化。对原始数据进行线性变换，$\min A$ 和 $\max A$ 分别是工程特征 A 的最小值和最大值，公式如下

$$x' = \frac{x - \min A}{\max A - \min A} \tag{4-1}$$

将 A 的一个原始值 x 通过最大－最小标准化映射到区间 $[0，1]$，x' 就是工程特征的归一化值。

1. 建筑面积 S 的归一化

53 个样本中，$\max S$ 为 14509.06m^2（26 号楼和 33 号楼），$\min S$ 为 1028.47m^2（17 号楼和 19 号楼）。1 号楼的建筑面积 S 为 7299.66m^2，带入式（4-1）计算其归一化值 S'

$$S' = \frac{7299.66 - 1028.47}{14509.06 - 1028.47} = 0.465201$$

其余样本的建筑面积 S 的归一化值见表 4-2。

表 4-2 "保障性住房"定量工程特征归一化值数据表

样 本 编 号	单项工程名称	建筑面积 S'	楼地面面积 L'
1	1 号楼	0.465201	0.388061
2	2 号楼	0.355094	0.305597
3	3 号楼	0.355094	0.305597
4	4 号楼	0.526668	0.441795
5	5 号楼	0.399827	0.345596
6	6 号楼	0.399827	0.345596
7	7 号楼	0.403917	0.345596
8	8 号楼	0.403917	0.345596
9	9 号楼	0.385866	0.355559

（续）

样 本 编 号	单项工程名称	建筑面积 S'	楼地面积 L'
10	10 号楼	0.39946	0.341933
11	11 号楼	0.191932	0.18695
12	12 号楼	0.191932	0.18695
13	13 号楼	0.192829	0.18695
14	14 号楼	0.192829	0.18695
15	15 号楼	0.035723	0.027153
16	16 号楼	0.103517	0.077175
17	17 号楼	0	0.020378
18	18 号楼	0.105081	0.15164
19	19 号楼	0	0.020378
20	20 号楼	0.105081	0.15164
21	21 号楼	0.010638	0
22	22 号楼	0.077375	0.048126
23	23 号楼	0.586553	0.436016
24	24 号楼	0.586553	0.436016
25	25 号楼	0.910992	0.912962
26	26 号楼	1	1
27	27 号楼	0.692977	0.678691
28	28 号楼	0.686324	0.665638
29	29 号楼	0.586553	0.436016
30	30 号楼	0.586553	0.436016
31	31 号楼	0.583368	0.436016
32	32 号楼	0.583368	0.427407
33	33 号楼	1	1
34	34 号楼	0.100989	0.114643
35	35 号楼	0.100989	0.114643
36	36 号楼	0.100989	0.114643
37	37 号楼	0.09935	0.114182
38	38 号楼	0.09935	0.114182
39	39 号楼	0.035866	0.046867
40	40 号楼	0.035866	0.046867
41	41 号楼	0.035866	0.046867

（续）

样 本 编 号	单项工程名称	建筑面积 S'	楼地面积 L'
42	42 号楼	0.103266	0.127996
43	43 号楼	0.030031	0.046852
44	44 号楼	0.074478	0.089082
45	45 号楼	0.103266	0.127996
46	46 号楼	0.100623	0.12836
47	47 号楼	0.100623	0.12836
48	48 号楼	0.075714	0.098136
49	49 号楼	0.030017	0.046533
50	50 号楼	0.072275	0.097651
51	51 号楼	0.035866	0.046867
52	52 号楼	0.035866	0.046867
53	53 号楼	0.035866	0.046867

2. 楼地面面积 L 的归一化

53 个样本中，$\max L$ 为 11920m²（26 号楼和 33 号楼），$\min L$ 为 649.06m²（21 号楼）。1 号楼的楼地面面积 L 为 5022.87m²，带入式（4-1）计算其归一化值 L'

$$L' = \frac{5022.87 - 649.06}{11920 - 649.06} = 0.388061$$

其余样本的楼地面面积 L 的归一化值见表 4-2。

4.1.2 定性工程特征的量化处理

"保障性住房"提取的定性工程特征包括：抗震设防烈度、抗震等级、耐火等级、建筑分类、功能、结构体系、户型组合、建筑形态、户型、层数、标准层高、场地类别、建筑高度、楼梯间类型。

（1）抗震设防烈度 由于样本中所有类别均为 7 度，则统一量化为 1，见表 4-3。

（2）抗震等级 由于样本中所有类别均为三级，则统一量化为 1，见表 4-3。

（3）耐火等级 由于样本中所有类别均为二级，则统一量化为 1，见表 4-3。

（4）建筑分类 由于样本中所有类别均为二类，则统一量化为 1，见表 4-3。

（5）功能 由于样本中所有类别均为住宅，则统一量化为 1，见表 4-3。

（6）结构体系 样本中有剪力墙、底层局部框架 + 砖混结构、砖混结构，剪力墙用 1 表示，底层局部框架 + 砖混结构用 2 表示，砖混结构用 3 表示，见表4-3。

表4-3 定性指标的量化数据表

样本编号	单项工程名称	抗震设防烈度	抗震等级	耐火等级	建筑分类	功能	结构体系	户型组合	建筑形态	层数	标准层高	场地类别	建筑高度	楼梯间类型
1	1号楼	1	1	1	1	1	1	5	1	14	1	1	7	1
2	2号楼	1	1	1	1	1	1	4	1	14	1	1	7	1
3	3号楼	1	1	1	1	1	1	4	1	14	1	1	7	1
4	4号楼	1	1	1	1	1	1	5	1	15	1	1	8	1
5	5号楼	1	1	1	1	1	1	4	1	15	1	1	8	1
6	6号楼	1	1	1	1	1	1	4	1	15	1	1	8	1
7	7号楼	1	1	1	1	1	1	4	1	15	1	1	8	1
8	8号楼	1	1	1	1	1	1	4	1	15	1	1	8	1
9	9号楼	1	1	1	1	1	1	4	1	15	1	1	8	1
10	10号楼	1	1	1	1	1	1	4	1	15	1	1	8	1
11	11号楼	1	1	1	1	1	1	2	2	12	2	1	6	1
12	12号楼	1	1	1	1	1	1	2	2	12	2	1	6	1
13	13号楼	1	1	1	1	1	1	2	2	12	2	1	6	1
14	14号楼	1	1	1	1	1	1	2	2	12	2	1	6	1
15	15号楼	1	1	1	1	1	1	2	3	7	2	1	3	1
16	16号楼	1	1	1	1	1	1	2	2	11	2	1	5	1
17	17号楼	1	1	1	1	1	1	2	3	7	2	1	3	1
18	18号楼	1	1	1	1	1	1	2	2	12	2	1	6	1
19	19号楼	1	1	1	1	1	1	2	3	7	2	1	3	1
20	20号楼	1	1	1	1	1	1	2	2	12	2	1	6	1
21	21号楼	1	1	1	1	1	1	2	3	5	2	1	1	1
22	22号楼	1	1	1	1	1	1	2	2	9	2	1	4	1
23	23号楼	1	1	1	1	1	1	3	1	18	2	1	9	1
24	24号楼	1	1	1	1	1	1	3	1	18	2	1	9	1
25	25号楼	1	1	1	1	1	1	3	1	25	2	1	10	1

（续）

样本编号	单项工程名称	抗震设防烈度	抗震等级	耐火等级	建筑分类	功能	结构体系	户型组合	建筑形态	层数	标准层高	场地类别	建筑高度	楼梯间类型
26	26号楼	1	1	1	1	1	1	3	1	26	2	1	11	1
27	27号楼	1	1	1	1	1	1	3	1	18	2	1	9	1
28	28号楼	1	1	1	1	1	1	3	1	18	2	1	9	1
29	29号楼	1	1	1	1	1	1	3	1	18	2	1	9	1
30	30号楼	1	1	1	1	1	1	3	1	18	2	1	9	1
31	31号楼	1	1	1	1	1	1	3	1	18	2	1	9	1
32	32号楼	1	1	1	1	1	1	3	1	18	2	1	9	1
33	33号楼	1	1	1	1	1	1	3	1	26	2	1	11	1
34	34号楼	1	1	1	1	1	2	2	3	6	2	1	2	1
35	35号楼	1	1	1	1	1	2	2	3	6	2	1	2	1
36	36号楼	1	1	1	1	1	2	2	3	6	2	1	2	1
37	37号楼	1	1	1	1	1	2	2	3	6	2	1	2	1
38	38号楼	1	1	1	1	1	2	2	3	6	2	1	2	1
39	39号楼	1	1	1	1	1	3	2	3	6	2	1	2	1
40	40号楼	1	1	1	1	1	3	2	3	6	2	1	2	1
41	41号楼	1	1	1	1	1	3	2	3	6	2	1	2	1
42	42号楼	1	1	1	1	1	3	2	3	6	2	1	2	1
43	43号楼	1	1	1	1	1	3	2	3	6	2	1	2	1
44	44号楼	1	1	1	1	1	3	1	3	6	2	1	2	1
45	45号楼	1	1	1	1	1	3	2	3	6	2	1	2	1
46	46号楼	1	1	1	1	1	3	2	3	6	2	1	2	1
47	47号楼	1	1	1	1	1	3	2	3	6	2	1	2	1
48	48号楼	1	1	1	1	1	3	1	3	6	2	1	2	1
49	49号楼	1	1	1	1	1	3	2	3	6	2	1	2	1
50	50号楼	1	1	1	1	1	3	1	3	6	2	1	2	1
51	51号楼	1	1	1	1	1	3	2	3	6	2	1	2	1
52	52号楼	1	1	1	1	1	3	2	3	6	2	1	2	1
53	53号楼	1	1	1	1	1	3	2	3	6	2	1	2	1

（7）户型组合 样本中有一梯 10 户、一梯 8 户、一梯 6 户、一梯 4 户、一梯 3 户，则一梯 3 户用 1 表示，一梯 4 户用 2 表示，一梯 6 户用 3 表示，一梯 8 户用 4 表示，一梯 10 户用 5 表示，见表 4-3。

（8）建筑形态 样本中有高层、小高层、多层，则高层用 1 表示，小高层用 2 表示，多层用 3 表示，见表 4-3。

（9）户型采用占比进行量化 户型 1-a 是指 1 室 1 卫，A1-a 是指 1 室 1 厅 1 卫，A2-a 是指 2 室 1 厅 1 卫，B1-a 是指 1 室 2 厅 1 卫，B2-a 是指 2 室 2 厅 1 卫，B2-b 是指 2 室 2 厅 2 卫，B3-a 是指 3 室 2 厅 1 卫，B3-b 是指 3 室 2 厅 2 卫。

户型占比是指一个单项工程中，户型的户数与整个单项工程户数的比值。

户型 1-a 的户数为 x_1，占比为 x_1'；A1-a 的户数为 x_2，占比为 x_2'；A2-a 的户数为 x_3，占比为 x_3'；B1-a 的户数为 x_4，占比为 x_4'；B2-a 的户数为 x_5，占比为 x_5'；B2-b 的户数为 x_6，占比为 x_6'；B3-a 的户数为 x_7，占比为 x_7'；B3-b 的户数为 x_8，占比为 x_8'。

第 i（$i = 1, 2, \cdots, 8$）种户型的占比计算为

$$x_i' = \frac{x_i}{\sum_{n=1}^{8} x_n} \qquad (4-2)$$

1 号楼：户型 1-a 有 13 个，A1-a 有 66 个，A2-a 有 54 个，B1-a 有 0 个，B2-a 有 0 个，B2-b 有 0 个，B3-a 有 0 个，B3-b 有 0 个，即 $x_1 = 13$，$x_2 = 66$，$x_3 = 54$，$x_4 = 0$，$x_5 = 0$，$x_6 = 0$，$x_7 = 0$，$x_8 = 0$，带入式（4-2）

$$x_1' = \frac{13}{13 + 66 + 54} = 0.097744$$

$$x_2' = \frac{66}{13 + 66 + 54} = 0.496241$$

$$x_3' = \frac{54}{13 + 66 + 54} = 0.406015$$

$$x_4' = 0; \; x_5' = 0; \; x_6' = 0; \; x_7' = 0; \; x_8' = 0$$

1 号楼及其余样本的户型量化数据见表 4-4。

表 4-4 户型量化数据表

样本编号	单项工程名称	户 型							
		1-a	A1-a	A2-a	B1-a	B2-a	B2-b	B3-a	B3-b
1	1 号楼	0.097744	0.496241	0.406015	0	0	0	0	0
2	2 号楼	0.121495	0	0	0.252336	0.626168	0	0	0
3	3 号楼	0.121495	0	0	0.252336	0.626168	0	0	0

（续）

样本编号	单项工程名称	户 型							
		1-a	A1-a	A2-a	B1-a	B2-a	B2-b	B3-a	B3-b
4	4号楼	0.100671	0.496644	0.402685	0	0	0	0	0
5	5号楼	0.126050	0	0	0.252101	0.621849	0	0	0
6	6号楼	0.126050	0	0	0.252101	0.621849	0	0	0
7	7号楼	0.126050	0	0	0.252101	0.621849	0	0	0
8	8号楼	0.126050	0	0	0.252101	0.621849	0	0	0
9	9号楼	0.121739	0	0	0.260870	0.617391	0	0	0
10	10号楼	0.126050	0	0	0.252101	0.621849	0	0	0
11	11号楼	0	0	0	0.5	0.5	0	0	0
12	12号楼	0	0	0	0.5	0.5	0	0	0
13	13号楼	0	0	0	0.5	0.5	0	0	0
14	14号楼	0	0	0	0.5	0.5	0	0	0
15	15号楼	0	0	0	1	0	0	0	0
16	16号楼	0	0	0	1	0	0	0	0
17	17号楼	0	0	0	1	0	0	0	0
18	18号楼	0	0	0	0.744681	0	0	0	0.255319
19	19号楼	0	0	0	1	0	0	0	0
20	20号楼	0	0	0	0.744681	0	0	0	0.255319
21	21号楼	0	0	0	1	0	0	0	0
22	22号楼	0	0	0	1	0	0	0	0
23	23号楼	0	0	0	0.336449	0	0	0.336449	0.327103
24	24号楼	0	0	0	0.336449	0	0	0.336449	0.327103
25	25号楼	0	0	0	0	0.454545		0	0.545455
26	26号楼	0	0	0	0	0.335484	0.329032	0	0.335484
27	27号楼	0	0	0	0	0.336449	0	0.327103	0.336449
28	28号楼	0	0	0	0	0.333333	0	0.333333	0.333333
29	29号楼	0	0	0	0.336449	0	0.327103	0.336449	0
30	30号楼	0	0	0	0.336449	0	0.327103	0.336449	0

（续）

样本编号	单项工程名称	户 型							
		1-a	A1-a	A2-a	B1-a	B2-a	B2-b	B3-a	B3-b
31	31号楼	0	0	0	0.336449	0	0.327103	0.336449	0
32	32号楼	0	0	0	0.333333	0	0.333333	0.333333	0
33	33号楼	0	0	0	0	0.335484	0.329032	0	0.335484
34	34号楼	0	0	0	0	0	0.454545	0	0.545455
35	35号楼	0	0	0	0	0	0.454545	0	0.545455
36	36号楼	0	0	0	0	0	0.454545	0	0.545455
37	37号楼	0	0	0	0	0	0.454545	0	0.545455
38	38号楼	0	0	0	0	0	0.454545	0	0.545455
39	39号楼	0	0	0	0.5	0.5	0	0	0
40	40号楼	0	0	0	0.5	0.5	0	0	0
41	41号楼	0	0	0	0.5	0.5	0	0	0
42	42号楼	0	0	0	0	0	0.5	0	0.5
43	43号楼	0	0	0	0.5	0.5	0	0	0
44	44号楼	0	0	0	0	0	0	0	1
45	45号楼	0	0	0	0	0	0.5	0	0.5
46	46号楼	0	0	0	0	0	0.5	0	0.5
47	47号楼	0	0	0	0	0	0.5	0	0.5
48	48号楼	0	0	0	0	0	0	0	1
49	49号楼	0	0	0	0.5	0.5	0	0	0
50	50号楼	0	0	0	0	0	0	0	1
51	51号楼	0	0	0	0.5	0.5	0	0	0
52	52号楼	0	0	0	0.5	0.5	0	0	0
53	53号楼	0	0	0	0.5	0.5	0	0	0

（10）层数　层数直接输入，见表4-3。

（11）标准层高　样本中标准层高有2.9m、3.0m，其中2.9m用1表示，3.0m用2表示，见表4-3。

（12）场地类别　由于样本中所有类别均为Ⅱ类，则统一量化为1，见表 4-3。

（13）建筑高度　样本中有 40.6m、43.5m、36m、21m、33m、15m、27m、54m、75m、78m、18m，其中 15m 用为 1 表示，18m 用 2 表示，21m 用 3 表示，27m 用 4 表示，33m 用 5 表示，36m 用 6 表示，40.6m 用 7 表示，43.5m 用 8 表示，54m 用 9 表示，75m 用 10 表示，78m 用 11 表示，见表 4-3。

（14）楼梯间类型　由于样本中所有类别均为防烟楼梯间，则统一量化为 1，见表 4-3。

4.2　样本特征指标的计算

特征指标是描述工程量相互关系的相对指标。工程特征与工程量之间存在某种程度上的映射关系。在本书将工程特征与工程量之间的映射关系转化为工程特征与特征指标之间的映射关系，通过预测特征指标推算扩大分项工程工程量。

对于"保障性住房"，选取窗地比及 $K_周$ 这两个特征指标进行演示。

1. 窗地比的计算

窗地比是常用的特征指标，其计算公式

$$窗地比 = \frac{窗面积}{楼地面面积} \tag{4-3}$$

1 号楼样本的窗面积为 1278.29m²，楼地面面积为 5022.87m²，带入式（4-3）计算 1 号楼的窗地比

$$窗地比_1 = \frac{1278.29}{5022.87} = 0.25$$

其余样本的窗地比见表 4-5。

表 4-5　窗地比、$K_周$ 的样本数据表

样本序号	单项工程名称	窗　地　比	$K_周$	样本序号	单项工程名称	窗　地　比	$K_周$
1	1 号楼	0.25	0.42	6	6 号楼	0.26	0.41
2	2 号楼	0.26	0.41	7	7 号楼	0.26	0.41
3	3 号楼	0.26	0.41	8	8 号楼	0.26	0.41
4	4 号楼	0.25	0.42	9	9 号楼	0.24	0.40
5	5 号楼	0.26	0.41	10	10 号楼	0.26	0.41

（续）

样本序号	单项工程名称	窗 地 比	$K_周$	样本序号	单项工程名称	窗 地 比	$K_周$
11	11 号楼	0.23	0.44	33	33 号楼	0.28	0.38
12	12 号楼	0.23	0.44	34	34 号楼	0.20	0.32
13	13 号楼	0.23	0.44	35	35 号楼	0.20	0.32
14	14 号楼	0.23	0.44	36	36 号楼	0.20	0.32
15	15 号楼	0.23	0.36	37	37 号楼	0.20	0.32
16	16 号楼	0.24	0.37	38	38 号楼	0.20	0.32
17	17 号楼	0.28	0.41	39	39 号楼	0.26	0.37
18	18 号楼	0.26	0.40	40	40 号楼	0.26	0.37
19	19 号楼	0.28	0.41	41	41 号楼	0.26	0.37
20	20 号楼	0.26	0.40	42	42 号楼	0.21	0.36
21	21 号楼	0.27	0.36	43	43 号楼	0.26	0.45
22	22 号楼	0.27	0.36	44	44 号楼	0.21	0.35
23	23 号楼	0.25	0.35	45	45 号楼	0.21	0.36
24	24 号楼	0.25	0.35	46	46 号楼	0.19	0.36
25	25 号楼	0.28	0.38	47	47 号楼	0.19	0.36
26	26 号楼	0.28	0.38	48	48 号楼	0.19	0.35
27	27 号楼	0.21	0.34	49	49 号楼	0.26	0.41
28	28 号楼	0.21	0.33	50	50 号楼	0.20	0.35
29	29 号楼	0.25	0.35	51	51 号楼	0.26	0.37
30	30 号楼	0.25	0.35	52	52 号楼	0.26	0.37
31	31 号楼	0.25	0.35	53	53 号楼	0.26	0.37
32	32 号楼	0.25	0.35				

2. $K_周$ 的计算

$K_周$ 也是常用的特征指标，其计算公式

$$K_周 = \frac{建筑总周长}{建筑面积} \tag{4-4}$$

建筑总周长指单项工程每层周长之和。

1 号楼样本的建筑面积 $S_1 = 7299.66\text{m}^2$，建筑总周长 $C_1 = 3080.18\text{m}$，带入式（4-4）计算 1 号楼的 $K_{周1}$

$$K_{周1} = \frac{3080.18}{7299.66} = 0.42$$

其余样本的 $K_{周}$ 见表 4-5。

窗地比数据分布见图 4-1，$K_{周}$ 数据分布见图 4-2。

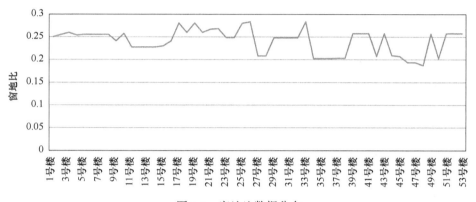

图 4-1　窗地比数据分布

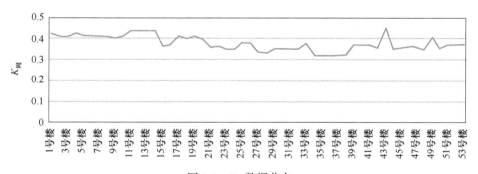

图 4-2　$K_{周}$ 数据分布

从表 4-5 及图 4-1 可以看出，对于"基"——保障性住房来说，窗地比的范围在 0.19~0.3 之间，平均值为 0.24，标准差为 0.0266（离散程度较低）。高于均值 0.24 的，是由于该单项工程底部有物管房或商业配套用房，且建筑面积较大，导致该单项工程中外窗面积偏大，但楼地面面积相对变化不大，从而窗地比偏高。偏低于均值 0.24 的，是由于该单项工程的户型、户数较多，但建筑面积较小且底部无架空层，导致单项工程外窗面积之和相对较小，楼地面面积相对较大，从而窗地比偏低。

从表 4-4 及图 4-2 可以看出，对于"基"——保障性住房来说，$K_{周}$ 的范围在 0.32~0.45 之间，平均值为 0.38，标准差为 0.03566（离散程度较低）。图中拐点的出现是由于在该单项工程中，不同户型的面积、设计差异所导致的。

从上述分析中可以初步得到结论：窗地比、$K_周$ 与户型、建筑面积、楼地面面积相关联，且关联度较高。

4.3 BP 神经网络训练与预测

运用 Python 语言构建 BP 神经网络，将经过定性测算及 BP 试算的工程特征以及特征指标输入，并对输入数据进行学习与自身误差修正，使 BP 神经网络的精度不断提高。达到一定精度的 BP 神经网络可对拟建单项工程的特征指标进行预测。

1. 具体流程

神经网络的工作原理是根据训练样本中的数据进行训练，过程中不断调整网络权值，使神经网络对训练样本产生"记忆"，而这样的记忆一般需要大量的样本训练才能得到[66]。

BP 神经网络输入（工程特征）的确定流程如图 4-3 所示。实际上，流程中最开始输入的是专家预测的工程特征（见表 4-1），此时的工程特征是比较多的，是专家凭借专业经验罗列的与特征指标可能对应的工程特征。专家预测的工程特征经过定性测算和 BP 试算，确定了工程特征与特征指标之间的映射关系后，最终确定的工程特征往往就不会有那么多了。

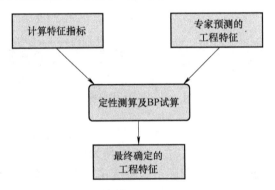

图 4-3　BP 神经网络输入（工程特征）的确定流程

2. 实例演算

（1）BP 神经网络的输入　选择窗地比和 $K_周$ 的工程特征及特征指标的 BP 测算进行演示。

在对定量工程特征归一化处理及定性工程特征量化的过程中，发现"保障性住房"的部分工程特征存在一致性（这与"基"的定义及特性是吻合的）。具体表现为：表4-3中，53个样本的抗震设防烈度均为7度、抗震等级均为三级、耐火等级均为二级、建筑分类均为二类、功能均为住宅、楼梯间类型均为防烟楼梯间、场地类别均为II类。

由于上述工程特征具有一致性，对特征指标的测算不会产生差异性影响，故在BP神经网络测算时予以排除，不作为输入。

由于建筑高度与标准层高以及层数呈正比例关系，故在BP神经网络测算时排除建筑高度这个工程特征，不作为输入。

通过上述分析，作为BP神经网络测算输入的工程特征为：结构体系、户型组合、建筑形态、标准层高、层数、户型、建筑面积、楼地面积，见表4-6（见书末插页）。

此外，53个样本的数据也具有一致性，表现为工程特征的归一化值或量化值是相同的（这与"基"的定义及特性是吻合的）。将工程特征彼此完全一致的样本删除（只保留一个），最终可用于BP神经网络训练及测算的样本数为34个。

选择29个样本作为训练样本，4个样本作为测试样本，1个样本作为案例分析样本。

29个训练样本输入值见表4-6，包括窗地比和$K_周$的样本特征指标值。4个测试样本输入值见表4-7（见书末插页），包括窗地比和$K_周$的样本特征指标值。

（2）BP神经网络的初始参数设定

1）神经元个数的确定。BP神经网络结构包含输入层、输出层和隐含层。隐含层由隐含单元组成，是存在于输入层和输出层之间的若干层（一层或多层）神经元。隐含层与外界没有直接的联系，但其状态的改变，能影响输入与输出之间的关系。本书选取一层隐含层进行建模，其神经元个数为$2m+1$（m为输入数据个数）。由于训练样本数为29，因此，输入层和输出层的神经元个数为59。

2）初始权值的确定。权值系数和神经元阈值的初始值选取，对BP神经网络是否能够收敛、训练时间的长短以及误差是否达到最小有很大影响。算例的BP神经网络初始值采用随机函数（-1，1）之间的随机数进行赋值。

3）节点函数的选取。选sigmoid函数$f(x) = \dfrac{1}{1 + e^{-x}}$为节点输出函数，由于其导数$f'(x) = f(x)[1 - f(x)]$，因此对于任何数据的输入都可以转化成（0，1）之间的数。

（3）BP神经网络的训练与仿真　保障性住房"基"的样本数据库中一共有53个样本数据，剔除重复数据（完全一致的单元数据），剩下34个样本。其中，29个作为训练样本，4个作为测试样本，1个作为案例分析样本。

使用 Python 软件进行训练，误差设定为 0.01，初始学习率为 0.1。经过 1353 次训练后达到预定的误差，数据具有收敛性，可以得到较为统一的结果。训练速率图和训练误差图如图 4-4 所示。

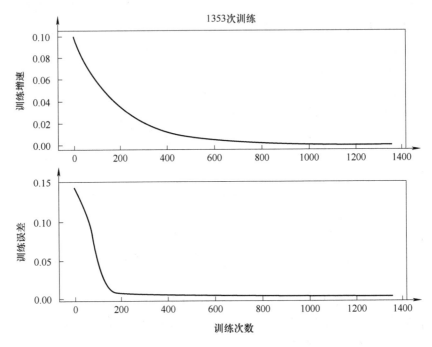

图 4-4　训练速率图和训练误差图

窗地比所对应的工程特征，经 BP 神经网络的训练与仿真后，确定最终可以作为 BP 神经网络输入的工程特征为：结构体系、户型组合、建筑形态、户型、建筑面积、楼地面面积；$K_{周}$ 所对应的工程特征经 BP 神经网络的训练与仿真后，确定最终可以作为 BP 神经网络的输入的工程特征为：建筑面积、户型组合、户型、标准层高。

通过本算例的 BP 神经网络训练与测算发现：窗地比和 $K_{周}$ 对应的最终工程特征输入是不相同的。同理，其余的特征指标（如钢混比、窗墙比）所对应的工程特征也有可能各自不同。因此，每一个特征指标都需要经过 BP 神经网络的训练测算方可确定其对应的工程特征输入。

（4）BP 神经网络输出的确定　通过 29 个训练样本的 BP 神经网络训练与仿真后，确定了最终的工程特征输入。现在将 4 个测试样本，按照确定的最终工程特征进行输入。窗地比测试结果与真实值对比见表4-8。$K_{周}$测试结果与真实值对比见表4-9。表 4-8 和表 4-9 中，测试值与真实值误差很小，测试通过。由此，确定了与窗地比和 $K_{周}$ 有对应关联的工程特征。

表4-8　窗地比测试结果与真实值对比表

单 项 工 程	1	2	3	4
测试值	0.2666	0.2350	0.2257	0.2293
真实值	0.2580	0.2299	0.2025	0.2073

表4-9　$K_周$测试结果与真实值对比表

单 项 工 程	1	2	3	4
测试值	0.4152	0.3670	0.3732	0.3698
真实值	0.4130	0.3623	0.3179	0.3554

上述演算过程适合于每一个特征指标的关联工程特征的判定。BP 神经网络训练与预测的目的就是针对每一个特征指标值（输出），确定其对应的工程特征（输入）。可以设计一个标准化表格将不同"基"需要测算的特征指标及对应输入的工程特征进行汇总，见表4-10。

表4-10　"基"（保障性住房）的特征指标及关联的工程特征输入表

序　　　号	特 征 指 标	关联的工程特征
1	窗地比	结构体系、户型组合、建筑形态、户型、建筑面积、楼地面面积
2	$K_周$	建筑面积、户型组合、户型、标准层高
……	……	……

4.4　扩大分项工程工程量的计算

本节通过案例分析样本进行扩大分项工程工程量确定的演示。

1. 特征指标值的预测

案例分析样本是成都市青羊区马厂村某住宅小区的 2 号楼，具体的工程信息见表4-11。

表4-11　案例分析样本的工程概况

建筑使用性质	保障性住房	结 构 体 系	剪　力　墙
建筑面积	5815.35m²	建筑形态	高层
层数	14	户型	1-a、B1-a、B2-b
户型组合	一梯8户	楼地面面积	4093.42m²

将需要作为 BP 输入的工程特征归一化或量化，见表4-12。

表 4-12　案例分析样本的工程特征值

结 构 体 系	1	户型 1 - a	0. 121495
建筑形态	1	户型 B1 - a	0. 252336
户型组合	4	户型 B2 - b	0. 626168
层数	14	建筑面积	0. 355094
标准层高	1	楼地面面积	0. 305597

　　将表 4-12 的工程特征值分别输入 BP 神经网络，输出特征指标预测值，同时与该样本的特征指标实际值进行误差对比，见表 4-13。窗地比和 $K_周$ 的预测值与实际值的误差均在 1% 以内。

表 4-13　案例分析样本的特征指标数据分析

特 征 指 标	预 测 值	实 际 值	误 差 率
窗地比	0. 2646	0. 2554	0. 94%
$K_周$	0. 4148	0. 4115	0. 32%

　　2. 计算扩大分项工程工程量

　　运用特征指标预测值计算扩大分项工程工程量。

　　(1) 窗扩大分项工程工程量的计算

$$窗扩大分项工程工程量 = 窗地比 \times 楼面扩大分项工程工程量 \qquad (4-5)$$

　　式 (4-3) 中，楼面扩大分项工程工程量是计算窗扩大分项工程工程量的基数 (扩大分项工程工程量的确定有先后)。作为案例分析样本的成都市青羊区马厂村某住宅小区的 2 号楼，其结算造价数据是已知的，因此从样本库中直接调取楼面扩大分项工程工程量进行算例演示。拟建项目的测算可通过数据链接解决扩大分项工程工程量确定的先后问题。

　　2 号楼楼面扩大分项工程工程量为 4095. 80m²，根据表 4-13 中窗地比的预测值计算

$$窗扩大分项工程工程量 = 0. 2646 \times 4095. 80m^2 = 1083. 75m^2$$

　　(2) 外墙面装饰扩大分项工程工程量的计算

$$外墙面装饰扩大分项工程工程量 = K_周 \times 建筑面积 \times$$
$$标准层高 - 窗工程量 \qquad (4-6)$$

　　式 (4-6) 中，建筑面积、标准层高和窗工程量是计算外墙面装饰扩大分项工程工程量的基数。作为案例分析样本的成都市青羊区马厂村某住宅小区的 2 号楼，其结算造价数据是已知的，因此从样本库中直接调取建筑面积及窗工程量：2 号楼建筑面积为 5815. 35m²，标准层高为 2. 9m，窗工程量为 1083. 75m²。

　　根据表 4-13 中 $K_周$ 的预测值计算

外墙面装饰扩大分项工程工程量 $= (0.4148 \times 5815.35 \times 2.9 - 1083.75) \mathrm{m}^2$
$$= 5911.65 \mathrm{m}^2$$

表 4-14 为测算的工程量与实际工程量的对比分析。实际值是从样本库中提取的 2 号楼实际工程量。

表 4-14 工程量估算结果比价表

	预 测 值	实 际 值	误 差 值	误 差 率
窗工程量	1083.75	1045.29	-38.46	3.70%
外墙装饰工程量	5911.65	5859.15	-52.50	0.90%

测算出的扩大分项工程工程量与实际工程量接近，误差很小。

在工程总承包模式下运用 BP 神经网络，在较短时间内可实现单项工程的扩大分项工程工程量的预估，且预测精度较高，对该模式无施工图情况下的发承包阶段工程量确定有一定的参考价值。

第 5 章

扩大分项工程综合单价确定示例

本章主要讲述基于 BIM 平台，利用人工智能和数据库结合的方法确定扩大分项工程的综合单价。

对于扩大分项工程综合单价的确定，难点在于现行的工程量清单计价规则是以分项工程为最小单元进行计价，而不是扩大分项工程的计价层次。但这也是本书研究的基础，体现为图 3-14（扩大分项工程综合单价数据库构建的流程示意）中"分项工程综合单价""项目特征"与"扩大分项工程"匹配后的"组价"工作。

至于扩大分项工程综合单价数据库的构建原理及应用功能，在第 3 章已有阐述。数据库的开发维护不是本书的研究重点，但数据库的数据调用及使用，本章将会涉及。

本章仍然选择保障性住房作为"基"，进行扩大分项工程综合单价确定方法的具体演示。

5.1 楼面扩大分项工程综合单价确定示例

1. BIM 数据库中调取分项工程信息及分项工程综合单价

同一个"基"的建设项目，使用功能及设计标准是比较统一的。因此，在 BIM 数据库中搜索"保障性住房"的造价信息，提取对应"基"中的分部分项工程（包括项目特征）及综合单价。

在 BIM 数据库中提取两个代表性的工程量清单项：① 010904002002 楼面涂膜防水；②011101001003 水泥砂浆楼面。同时，提取相应的组价定额及综合单价。从 BIM 数据库中提取的楼面工程工程量清单及组价数据见表 5-1。表 5-1 中的数据为"保障性住房"标准户的对应数据。

表 5-1　BIM 数据库中提取的楼面工程工程量清单及组价数据

编　　号	项 目 名 称	工程量	单　位	综合（元）	
				单　　　价	合　　　价
010904002002	楼面涂膜防水	47.93	m²	33.77	1618.60
A.T0068	屋面涂膜防水 聚合物水泥（TS）涂料 涂膜厚 1mm	0.479	100m²	2245.78	1075.73
A.T0069 换	屋面涂膜防水 聚合物水泥（TS）涂料 每增减 0.1mm 单价 ×5	0.479	100m²	1130.95	541.73
011101001003	水泥砂浆楼面	63.15	m²	14.66	925.78
AM0038	墙面一般抹灰 素水泥浆一遍 无 801 胶	0.631	100m²	127.79	80.64
AL0084 换	楼地面找平层 干混砂浆 在混凝土及硬基层上 砂浆厚度 20mm	0.631	100m²	1338.52	844.61

上述数据存储在 BIM 数据库中。BIM 数据库海量动态存储的造价信息来自传统发包的施工图设计阶段的中标价或结算数据。

2. 将分项工程组合为扩大分项工程

将代表性分项工程的项目特征进行系统分解再组合，提取"保障性住房"楼面扩大分项工程的项目特征：

① 20mm 厚 1：2.5 水泥砂浆保护层。

② 1.5mm 厚 JS（2 型）防水涂膜上翻到顶。

③ 刷素水泥浆一道。

④ 钢筋混凝土结构层清理干净、平整。

3. 组价确定扩大分项工程综合单价

（1）确定扩大分项工程工程量计算规则　在《房屋建筑与装饰工程工程量计算规范》（GB 50854—2013）中，分项工程 010904002 楼（地）面涂膜防水的计算规则为：按设计图示尺寸以面积计算。①楼（地）面防水：按主墙间净空面积计算，扣除凸出地面的构筑物、设备基础等所占面积，不扣除间壁墙及单个面积 ≤0.3m² 柱、垛、烟囱和孔洞所占面积。②楼（地）面防水反边高度 ≤300mm 算作地面防水，反边高度 >300mm 按墙面防水计算。

分项工程 011101001 水泥砂浆楼地面的计算规则为：

按设计图示尺寸以面积计算。扣除凸出地面构筑物、设备基础、室内铁道、地沟等所占面积，不扣除间壁墙及 ≤0.3 m² 柱、垛、附墙烟囱及孔洞所占面积。门洞、空圈、暖气包槽、壁龛的开口部分不增加面积。

分项工程 010904002 楼（地）面涂膜防水的计算规则与分项工程 011101001 水泥砂浆楼地面的计算规则不相同，因此，二者的工程量也不同（见表 5-1）。

010904002002 楼面涂膜防水的工程量为 47.93m²; 011101001003 水泥砂浆楼面的工程量为 63.15m²。二者工程量不同的原因还在于:不是所有的楼面都要做防水,例如卧室客厅就不需要做防水,但防水都是会反边的,因此楼面涂膜防水的工程量比水泥砂浆楼面的工程量小,但小的又不是太多。

可以在参考分项工程工程量计算规则的基础上,制定扩大分项工程工程量计算规则。楼面扩大分项工程的计算规则可制定为:按设计图示尺寸以面积计算。扣除凸出地面构筑物、设备基础、室内铁道、地沟等所占面积,不扣除间壁墙及≤0.3m²柱、垛、附墙烟囱及孔洞所占面积。门洞、空圈、暖气包槽、壁龛的开口部分不增加面积。即:楼面扩大分项工程的工程量计算规则与水泥砂浆楼地面分项工程的工程量计算规则一致。

因此,楼面扩大分项工程工程量为 63.15m²

(2)组价 将提取的分项工程综合合价汇总即可得到扩大分项工程的综合合价。由表 5-1 查取相应数据:

楼面扩大分项工程综合合价 = 楼面涂膜防水综合合价 + 水泥砂浆楼面综合合价

= (1618.60 + 925.78)元 = 2544.38 元

(3)计算楼面扩大分项工程的综合单价 扩大分项工程综合合价与该扩大分项工程工程量的比值即为扩大分项工程的综合单价。因此:

楼面扩大分项工程综合单价 = (2544.38 ÷ 63.15)元/m²

= 40.29 元/m²

4. "贴标签"入库

上述步骤确定的扩大分项工程综合单价需要动态储存在扩大分项工程综合单价数据库中。储存流程有两个对应:一是综合单价及其对应的扩大分项工程项目特征要对应;二是综合单价及项目特征要对应储存到"基"(保障性住房)中。两个对应完成"贴标签"流程。

当需要对"保障性住房"进行总承包发承包价格确定时,可从扩大分项工程综合单价数据库中提取相应"基"的扩大分项工程综合单价,这就是"贴标签"入库的意义所在。

5.2 窗扩大分项工程综合单价确定示例

1. 从 BIM 数据库中调取分项工程信息及分项工程综合单价

从 BIM 数据库中提取三个工程量清单项:①010802001019 塑钢 LOE-中空玻璃 (6+9A+6) 门联窗;②010807001004 塑钢 LOE-中空玻璃 (6+9A+6) 窗;

③010807001005 塑钢磨砂玻璃平开窗。同时，提取相应的组价定额及综合单价。表 5-2 所示为 BIM 数据库中提取的外墙门窗工程工程量清单及组价数据。由于涉及外墙，因而表 5-2 中选取的是整个单项工程的数据。

表5-2　BIM 数据库中提取的外墙门窗工程工程量清单及组价数据

编　号	项目名称	工程量	单　位	综合（元）	
				单价	合价
010802001019	塑钢 LOE - 中空玻璃（6 +9A +6）门联窗	392.88	m²	288.73	113436.24
AH0054 换	塑钢门 平开门 无亮子	3.929	100m²	28873.14	113442.57
010807001004	塑钢 LOE - 中空玻璃（6 +9A +6）窗	1557.82	m²	288.85	449976.31
AH0142 换	塑钢窗 平开窗	15.578	100m²	28885.22	449973.96
010807001005	塑钢磨砂玻璃 平开窗	140.42	m²	248.41	34881.73
AH0142 换	塑钢窗 平开窗	1.404	100m²	24840.68	34876.31

2. 将分项工程组合为扩大分项工程

将代表性分项工程的项目特征进行系统分解再组合，提取"保障性住房"窗扩大分项工程的项目特征：①塑钢 LOE-中空玻璃（6 +9A +6）门联窗；②塑钢 LOE-中空玻璃（6 +9A +6）窗；③塑钢磨砂玻璃窗。

3. 组价确定扩大分项工程综合单价

在《房屋建筑与装饰工程工程量计算规范》（GB 50854—2013）中，金属窗分项工程工程量计算规则是统一的，均为：以平方米计量，按设计图示洞口尺寸以面积计算。窗扩大分项工程的工程量计算规则可与金属窗分项工程工程量计算规则一致。因此

$$窗扩大分项工程工程量 = (392.88 + 1557.82 + 140.42)m^2$$
$$= 2091.12m^2$$

将提取的分项工程综合合价汇总即可得到扩大分项工程的综合合价。从表 5-2 查取相应数据，可得

窗扩大分项工程综合合价 = 塑钢 LOE- 中空玻璃(6 +9A +6) 门联窗综合合价 +
塑钢 LOE- 中空玻璃(6 +9A +6) 窗综合合价 +
塑钢磨砂玻璃平开窗综合合价

$$= (113436.24 + 449976.31 + 34881.73) 元$$
$$= 598294.28 元$$

窗扩大分项工程综合单价 $= (598294.28 \div 2091.12) 元/m^2$
$$= 286.11 元/m^2$$

最后"贴标签"入库。

5.3　外墙面装饰扩大分项工程综合单价确定示例

1. 从 BIM 数据库中调取分项工程信息及分项工程综合单价

该工程从 BIM 数据库中提取了五个工程量清单项：①010903002008 墙面涂膜防水 1.5mm 厚 JS（1 型）防水（外 2）；②011001003006 25mm 厚 EPS 板外墙保温系统（外 2）；③011003001003 耐碱玻纤网格布；④011201001016 水泥砂浆外墙面（外 2 基层）；⑤011406001018 弹性涂料外墙面（外 2），同时提取了相应的组价定额及综合单价。表 5-3 所示为 BIM 数据库中提取的外墙面装饰工程工程量清单及组价数据。

表 5-3　BIM 数据库中提取的外墙面装饰工程工程量清单及组价数据

编　号	项目名称	工　程　量	单　位	综合（元）	
				单　价	合　价
010903002008	墙面涂膜防水 1.5mm 厚 JS（1 型）防水（外 2）	6713.95	m²	32.38	217397.70
AJ0202 换	墙面涂膜防水 聚合物水泥（JS）涂料 涂膜厚 1mm	67.14	100m²	2152.80	144538.99
AJ0203 换	墙面涂膜防水 聚合物水泥（JS）涂料 每增减	67.14	100m²	1085.38	72872.41
011001003006	25mm 厚 EPS 板外墙保温系统（外 2）	5722	m²	76.76	439220.72
AK0044 换	外墙外保温层（板材）贴聚苯板	57.22	100m²	4683.58	267994.45
AP0333 换	墙柱面 抹灰面 光面 刷白水泥二遍	57.22	100m²	316.51	18110.70
AK0046	外墙外保温层（板材）标准网格布，薄抹面层	57.22	100m²	2675.93	153116.71
011003001003	耐碱玻纤网格布	2346.4	m²	2.43	5701.75
AJ0074 换	屋面涂膜防水 涂膜防水层每增加一布	23.464	100m²	243.01	5701.99
011201001016	水泥砂浆外墙面（外 2 基层）	12098.58	m²	8.16	98724.41
AM0122 换	立面砂浆找平层 厚度 13mm 干混砂浆	120.986	100m²	740.31	89567.15
AM0123 换	立面砂浆找平层 厚度每增减 1mm 干混砂浆	120.986	100m²	75.97	9191.31

（续）

编　号	项目名称	工程量	单位	综合（元）	
				单价	合价
011406001018	弹性涂料外墙面（外2）	7182.79	m²	20.95	150479.45
AP0304 换	外墙抹灰面 乳胶漆底漆一遍面漆两遍	71.828	100m²	1778.80	127767.65
AP0333 换	墙柱面 抹灰面 光面 刷白水泥二遍	71.828	100m²	316.51	22734.28

2. 将分项工程组合为扩大分项工程

将代表性分项工程的项目特征进行系统分解再组合，提取"保障性住房"外墙面装饰扩大分项工程的项目特征：①喷甲基硅醇钠憎水剂罩面；②喷弹性涂料面层一遍；③5mm 厚抗裂防渗砂浆，压入耐碱玻纤网格布；④1.5mm 厚 JS（1型）防水涂膜满涂；⑤砖墙或钢筋混凝土墙体（刷纯水泥浆一道）。

3. 组价确定扩大分项工程综合单价

在《房屋建筑与装饰工程工程量计算规范》（GB 50854—2013）中，分项工程 010903002 墙面涂膜防水的计算规则为：按设计图示尺寸以面积计算。

分项工程 011001003 保温隔热墙面的计算规则为：按设计图示尺寸以面积计算。扣除门、窗、洞口以及面积 >0.3 m² 梁、孔洞所占面积；门、窗、洞口侧壁以及与墙相连的柱，并入保温墙体工程量内。

分项工程 011003001 隔离层的计算规则为：按设计图示尺寸以面积计算。立面防腐：扣除门、窗、洞口以及面积 >0.3 m² 梁、孔洞所占面积，门、窗、洞口侧壁以及与墙相连的柱，并入保温墙体工程量内。

分项工程 011201001 墙面一般抹灰的计算规则为：按设计图示尺寸以面积计算。扣除墙裙、门窗洞口以及单个 >0.3 m² 的孔洞面积，不扣除踢脚线、挂镜线和墙与构件交接处的面积，门窗洞口和空洞的侧壁及顶面不增加面积。附墙柱、梁、垛、烟囱侧壁并入相应的墙面面积内。外墙面抹灰面积按外墙垂直投影面积计算；外墙裙抹灰面积按其长度乘以高度计算。

分项工程 011406001 抹灰面油漆的计算规则为：按设计图示尺寸以面积计算。

外墙装饰的各分项工程的计算规则各有不同。相较而言，保温隔热墙面、隔离层的计算规则更接近实际工程量，但扩大分项工程没必要如此细化，不需要扣减也不要添加合并，因此，设置外墙面装饰扩大分项工程的计算规则为：按设计图示尺寸以面积计算。

因此

$$外墙面装饰扩大分项工程工程量 = 7182.79m^2$$

将提取的分项工程综合合价汇总即可得到扩大分项工程的综合合价。

$$外墙面装饰扩大分项工程综合合价 = 墙面涂膜防水1.5mm厚JS(1型)防水(外2)$$
$$综合合价 + 25mm厚EPS板外墙保温系统(外2)$$
$$综合合价 + 耐碱玻纤网格布综合合价 +$$
$$水泥砂浆外墙面(外2基层)综合合价 +$$
$$弹性涂料外墙面(外2)综合合价$$
$$= (217397.70 + 439220.72 + 5701.75 +$$
$$98724.41 + 150479.45)元$$
$$= 911524.03元$$

根据外墙面装饰扩大分项工程综合合价与外墙面装饰扩大分项工程工程量的比值即可得到外墙面装饰扩大分项工程的综合单价。

$$外墙面装饰扩大分项工程综合单价 = (911524.03 ÷ 7182.79)元/m^2$$
$$= 126.90元/m^2$$

最后"贴标签"入库。

5.4 扩大分项工程综合单价数据库的应用说明

除了楼面工程、窗工程与外墙面装饰工程，其余扩大分项工程综合单价都可以通过上述步骤予以确定。例如混凝土工程中的柱混凝土，一般设计的混凝土标号会由下至上逐渐变低，在本书中，柱混凝土也是一个扩大分项工程（不再区分混凝土标号）。在确定柱混凝土扩大分项工程综合单价时，按照柱的混凝土标号不同，对不同标号的混凝土柱分项工程综合单价进行加权平均（测算"基"中不同混凝土标号用量百分比），实际上也就是按照上述示例步骤确定其综合单价。

本书中，BIM数据库中的造价数据是以不同"基"为存储单元的分项工程综合单价；同样的，扩大分项工程综合单价数据库是以不同"基"为存储单元的扩大分项工程综合单价数据库。

"基"是具有统一的使用功能要求及设计标准的建设工程。作为"基"的建设工程，其结构、造型、空间分割、设备配置和内外装饰做法都相对统一。因此，对于不同类型的"基"的扩大分项工程综合单价，需要通过"贴标签"对号入"基"，方可实现数据库的功能。当拟建工程总承包建设项目需要确定发承包价格时，首先判断其"基"的归属，然后就可以在扩大分项工程综合单价数据库相应的"基"中匹配到适合的扩大分项工程综合单价。

　　基于 BIM 数据库建立的扩大分项工程综合单价数据库利用了人工智能和数据库结合的方法，有大数据和软件平台的支撑，所以具有可靠性和科学性。同时，该数据库可以做到数据分析与数据传输更新同步，可以提高数据应用的频率及实现数据的动态化。利用大数据背景下工程数据的集成，将人工智能与数据库技术结合，并运用于拟建项目扩大分项工程综合单价的确定中，体现了本书的创新性。

第 6 章

结论与展望

6.1 结论

工程总承包发承包价格是建设单位（业主）进行投资控制的依据，也是工程总承包模式下发包人和承包人签订合同价的依据。为了合理、准确地确定工程总承包项目的发承包价格，本书定义了"基"和"扩大分项工程"，将 BP 神经网络与扩大分项工程综合单价数据库相结合，介绍了工程总承包项目的发承包价格确定方法。以期对目前确定发承包价格方法准确度不高、合同实施风险较大等不足之处加以改进，降低总承包项目实施阶段的索赔风险。

本书主要内容包括以下几方面：

1）通过现状分析，对工程总承包模式中招投标阶段的相关问题进行研究总结，发现该模式下招投标阶段的价格确定方法有一定的局限性和不足之处。

2）对工程总承包的费用构成进行了文献对比研究。

3）对"基"进行定义。书中建设项目总承包发承包价格的确定前提是"基"。首先对拟建总承包项目归属的"基"进行判定，再利用该"基"的造价数据进行拟建总承包项目发承包价格的确定。

4）对"扩大分项工程"进行定义。在扩大分项工程的分解层次上进行工程量和综合单价的确定。

5）由于建筑工程的工程特征与特征指标之间存在非线性映射关系，利用 BP 神经网络的非线性逼近功能，通过工程特征输入，获取特征指标输出；再依据特征指标确定扩大分项工程的工程量。

6）引入 BIM，基于大数据和人工智能构建扩大分项工程综合单价数据库，对扩大分项工程综合单价的确定方法进行了研究。

7）在扩大分项工程工程量和综合单价确定的基础上，分析总承包项目建筑安装工程费及总承包其他费用的确定方法，从而最终确定工程总承包的发承包价格。

8）选取保障性住房作为案例演示的"基"，进行扩大分项工程工程量和扩大分项工程综合单价的确定演示。

得到以下结论：

1）基于 BP 神经网络进行扩大分项工程工程量的预测，使建筑工程的工程特征与特征指标之间的映射关系能用较高精度的映射形式进行体现。该方法具有训练次数不断增加，预测的准确度不断提高的特点。在日后工程总承包模式的运用中，在没有施工图的情况下，可以较为准确地确定单项工程的扩大分项工程的工程量。

2）基于 BIM 的数据库平台建立不同"基"的扩大分项工程综合单价数据库，利用 BIM 数据的动态及信息全面性，匹配准确的扩大分项工程综合单价，为建设项目扩大分项工程综合单价的确定提供了新的视角与方法。

3）上述研究方法针对的对象是"基"。本书将具有统一的使用功能要求及设计标准的建设工程定义为"基"。作为"基"的建设工程，其结构、造型、空间分割、设备配置和内外装饰都相对统一，因此本书介绍的研究方法适用于不同"基"的工程总承包发承包价格的确定。

6.2 展望

本书介绍的基于 BP 神经网络和 BIM 数据库对扩大分项工程工程量和综合单价的确定方法，还需要进行以下完善：

1）"基"的对象选择是研究基础，因此"基"的分类是今后的研究方向。

2）工程特征的提取影响特征指标的确定。书中案例演示部分，使用专家调查法确定"保障性住房"的工程特征提取。如何更全面、更科学地提取不同"基"的工程特征，值得在工程实践中分类（针对不同的"基"）摸索与完善。

3）书中提出的扩大分项工程综合单价的确定方法是基于 BIM 的造价数据库平台搭建的，只提出了概念和思路，相关理论及方法实践还可深化。

参 考 文 献

[1] 工程建设项目总承包管理［DB/OL］.（2019-8-20）［2020-06-13］. https://wenku. baidu. com/ view/5a6a666118e8b8f67c1cfad6195f312b3069eb26. html.

[2] 张耿 . EPC 工程总承包项目的成本管理方法探究［D］. 西安：长安大学，2019.

[3] 王毅 . 工程总承包项目本身潜在重要先天因素对工程进度影响的分析及对策［J］. 核工 业勘察设计，2015（4）：72-76.

[4] 王赫 . EPC 工程总承包设计审批的影响因素分析［D］. 天津：天津大学，2015.

[5] 魏鸿娟 . EPC 模式下业主投资控制系统的理论及其应用研究［D］. 长沙：湖南大 学，2013.

[6] 孙新艳 . 中国情境下政府投资项目工程总承包模式监管研究［D］. 天津：天津理工大 学，2019.

[7] 庞凌志 . 基于 Monte Carlo 与 CIM 模型的 Z 工程总承包项目风险管理研究［D］. 广州：华 南理工大学，2019

[8] 上海建纬 . 工程总承包地方政策 2018 年度观察［EB/OL］.（2019-03-13）［2020-02-12］. http://www. sohu. com/a/301028796_727724.

[9] 闻柠永 . 基于信任的工程总承包人选择研究［D］. 天津：天津理工大学，2019.

[10] 工程总承包之家 . 请回答：2017、2018、2019 这三年，全国发布了多少工程总承包政策？ ［EB/OL］.（2020-01-15）［2020-02-13］. http://www. sohu. com/a/366966548_727724.

[11] 工程总承包之家 . 数据｜2018 上半年工程总承包城市热力指数发布，前 5 有你的城市 吗？［EB/OL］.（2020-01-15）［2020-02-12］. http://m. sohu. com/a/238675461_727724.

[12] 中华人民共和国国家统计局 . 国家数据［EB/OL］.（2017-08-15）［2020-02-13］. http:// data. stats. gov. cn/easyquery. htm？cn = C0&zb = A0F01&sj = 2017.

[13] 黄鲁平 . 大特型施工单位实施 EPC 工程总承包模式研究［D］. 福建：福建工程学 院，2019.

[14] 建筑时报 . 国家统计局发布：2018 年全国建筑业总产值 23. 5 万亿元，同比增长 9. 9% ［EB/OL］.（2019-01-28）［2020-02-13］. http://www. sohu. com/a/291889102_787199.

[15] 91 资质管家 . 2019 年上半年，全国 31 省建筑业情况如何？［EB/OL］.（2019-12-24） ［2020-02-13］. http://www. sohu. com/a/362375289_100189355.

[16] 中华人民共和国国家统计局 . 国家数据［EB/OL］.（2020/01/17）［2020-06-13］. http://data. stats. gov. cn/%20easyquery. htm？cn = C01&zb = A0F01&sj = 2019.

[17] 中商情报网 . 2024 年中国建筑行业总产值将达 340855 亿行业面临三大挑战［EB/OL］. （2020-06-11）［2020-06-13］. https://www. askci. com/news/chanye/20200611/0914031161761. shtml.

[18] 企建通 . 住建部政策大力推动，工程总承包大潮已经来临，你准备好了吗？［EB/OL］. （2019-09-17）［2020-02-13］. http://www. sohu. com/a/341398017_120214440.

[19] 中国勘察设计协会．关于公布勘察设计行业工程项目管理营业收入和工程总承包完成合同额二〇〇九年度排序名单的通知［J］．中国建材资讯，2009（6）：31-33．

[20] 工程总承包之家．2017 年工程总承包企业合同额完成情况排名［EB/OL］．（2017-09-12）［2020-02-13］．https：//chem. vogel. com. cn/c/2017-09-12/509323. shtml．

[21] 中国勘察设计协会．关于公布勘察设计企业工程项目管理和工程总承包营业额二〇一八年排序名单的通知［EB/OL］．（2018-11-13）［2020-02-13］．http：//www. chinaeda. org. cn/content. aspx？id＝1080&cid＝1080．

[22] 孙继德，傅家雯，刘姝宏．工程总承包和全过程工程咨询的结合探讨［J］．建筑经济，2018，39（12）：5-9．

[23] 曹立新，魏然，骆汉宾．建设工程监管信息系统的设计与应用［J］．土木建筑工程信息技术，2012，4（3）：106-112．

[24] 张旭林．建筑工程总承包项目管理中存在的问题及对策研究［D］．重庆：重庆大学，2016．

[25] 许建玲．浅谈推进工程总承包发展与管理［J］．招标采购管理，2017（7）：40-41．

[26] 梅丞廷，吴磊．工程总承包发展现状思考［J］．住宅与房地产，2017（3）：11．

[27] 周连川，许玉彬，王亮．工程总承包项目管理常见的问题及应对［J］．工程建设与设计，2017（22）：211-212．

[28] 彭万欢，高钰捷，赵朴．我国 EPC 工程总承包现状分析与推行实施建议［J］．建筑设计管理，2018，35（5）：63-67．

[29] 中华人民共和国住房和城乡建设部．建设工程分类标准：GB/T 50841—2013［S］．北京：中国计划出版社，2013．

[30] 邓宗禹．《房屋建筑和市政基础设施项目工程总承包管理办法》重点规定解读［EB/OL］．（2020-01-10）［2020-02-22］．http：//www. 360doc. com/content/20/0110/10/26447790_885372395. shtml．

[31] 赵书敏．建筑工程工程总承包项目计价方法研究［D］．成都：西华大学，2017．

[32] 中华人民共和国住房和城乡建设部．建设项目工程总承包费用项目组成（征求意见稿）［EB/OL］．（2017-09-04）［2020-02-27］．http：//www. mohurd. gov. cn/zqyj/201709/t20170907_233216. html．

[33] 季洛绎，瞿富强．工程系统分解结构在 CSI 住宅填充体界定中的应用研究［J］．工程管理学报，2015，29（2）：106-110．

[34] 佘健俊．工程系统分解结构（EBS）及其应用方法研究［J］．建筑经济，2013（10）：35-39．

[35] 成于思，成虎．工程系统分解结构的概念和作用研究［J］．土木工程学报，2014，47（4）：125-130．

[36] 韩涛．基于粗糙集的工程特征提取方法研究［J］．铁道工程学报，2017，34（6）：83-87．

[37] 邵良杉，杨善元．工程造价估算模型的发展及神经网络估算模型［J］．煤炭学报，1996（2）：134-138．

[38] ASHWORTH A, SKITMORE M. Accuracy in estimating［J］. Chartered Quantity Surveyor, 1982（4）.

[39] BUEHANAN J S. Cost models forestimating [M]. London: Royal Institution of Chartered Surveyors. 1973.

[40] LIPPMAN R P. An introduction to computing with neural network [J]. IEEE Transactions on Acoustics, Speech, Signal Processing Magazine, 1987 (4).

[41] 吴凯. F 公司输电线路工程造价投资估算模型 [D]. 广州: 华南理工大学, 2018.

[42] 王其文. 人工神经网络与线性回归的比较 [J]. 决策与决策支持系统, 1993 (3): 59-64.

[43] 张小平, 余建星, 段晓晨. 政府投资项目的投资估算方法研究 [J]. 统计与决策, 2007 (10): 45-47.

[44] 王新征, 段晓晨, 刘杰. 运用人工神经网络估算公路工程投资 [J]. 统计与决策, 2007 (5): 29-30.

[45] 汪东进, 李秀生, 张海颖, 等. 西非及亚太地区海上油田钻井完井投资估算模型 [J]. 石油勘探与开发, 2012, 39 (4): 500-504.

[46] 李丽, 王国珍, 黄善领. 四川北部山区输电线路工程可研投资估算模型研究 [J]. 中国集体经济, 2016, 25 (9): 86-87.

[47] 田雨晴. 基于灰色 BP 神经网络在建筑工程造价估算中的研究 [D]. 郑州: 华北水利水电大学, 2018.

[48] 蒋宗礼. 人工神经网络导论 [M]. 北京: 高等教育出版社, 2001.

[49] 杨超. 改进的粒子群优化 BP 神经网络在大坝变形预测中的应用 [D]. 抚州: 东华理工大学, 2016.

[50] 王艳梅. 基于 ABC-BP 神经网络的安全施工费费率测算模型研究 [D]. 成都: 四川师范大学, 2019.

[51] 闻新, 张兴旺, 朱亚萍, 等. 智能故障诊断技术: MATLAB 应用 [M]. 北京: 北京航空航天大学出版社, 2015.

[52] 吴建华. 水利工程综合自动化系统的理论与实践 [M]. 北京: 中国水利水电出版社, 2006.

[53] 李雷雷. 人工神经网络在建筑工程估算中的应用研究 [D]. 保定: 华北电力大学, 2012.

[54] 刘翔. BP 算法的改进及其应用 [D]. 太原: 太原理工大学, 2012.

[55] 丁红, 刘迪. BP 神经网络在建筑物工程量估算中的应用研究 [J]. 黑龙江水利科技, 2016, 44 (6): 4-6.

[56] 马健敏, 范光龙, 丁庆华. 基于工程价格形成机制的定额计价模式定位再思考 [J]. 工程经济, 2018, 28 (2): 9-14.

[57] 王桂兰. 灰色系统预测理论在建筑工程造价中的应用 [J]. 黑龙江科技信息, 2014, 30: 207.

[58] 蒋妃枫. 大数据在建筑和城市工程领域的应用及发展综述 [J]. 价值工程, 2017, 36 (4): 205-207.

[59] 高淑玲. 基于大数据技术的工程造价数据处理与应用研究 [J]. 山西建筑, 2019, 45 (8): 201-202.

［60］杨娥，谢佳元．基于人工智能技术的建筑工程造价估算研究［J］．价值工程，2018，37（4）：57-58.

［61］尹澍妤．基于大数据和BIM的工程造价管理探讨［J］．城市建设理论研究（电子版），2018（6）：36.

［62］Revit中文网．BIM模型包括什么信息功能？BIM模型有哪些功能应用？［EB/OL］．（2019-12-09）［2020-03-06］．http：//www.chinarevit.com/revit-53964-1-1.html.

［63］战胜君．BIM技术在建筑工程造价上的应用［J］．黑龙江科学，2019，10（12）：130-131.

［64］王妍娉．BIM技术在工程造价管理中的应用探析［J］．四川水泥，2019（6）：341.

［65］宋立志，韩宁．投资估算内容及影响因素［J］．国际工程与劳务，2016（12）：68-69.

［66］汪旭晖，黄飞华．基于BP神经网络的教学质量评价模型及应用［J］．高等工程教育研究，2007（5）：78-81.